獣たちの森

日本の森林／多様性の生物学シリーズ――③

獣たちの森

大井 徹著

東海大学出版会

The Animal's Forests in Transition
–Ecology, Evolution and Conservation of Forest Mammals in Japan–

Toru OI

Tokai University Press, 2004
ISBN4-486-01654-8

はじめに

日本列島の約七〇パーセントは様々な樹木が織りなす緑の衣をまとっている。その衣の内側からは多種多様な生物の息遣いが聞こえる。なかでももっとも荒々しく躍動感あふれるのが、私たちと同類の哺乳類、すなわち獣たちのものである。

近年は里に出没し騒動の種となっている彼らだが、その多くは今も森の中でひっそりと暮らし、人目にふれることはほとんどない。私は仕事柄、彼らを目にする機会が多いが、それでも緑の中からふとこぼれ出るその姿に、心の内で感嘆の声をあげる。そして一人うなずく、ここは獣たちの森であるのだと。

多くの人々にとって森林に棲む獣たちは、テレビの画面や雑誌の写真で目にするだけのものであり、彼らの美しい姿形や愛らしさ、変わった行動にのみ関心が向けられがちである。しかし、この日本列島でともに生活していくためには、彼らの本質をより深く理解することが必要だ。そのためには、彼らの生活とその背景にも目を見やる必要がある。環境との関係、生物どうしの相互作用、また、それらの歴史的過程によって、彼らの現在があることを忘れてはいけない。そうすることによって、獣たちの生活の場であり、私たちの生活環境や資源でもある森林がどのようにして維持されているのか、私たちの生活が森林生態系やその生物多様性にどのような影響を与えているのか、さらには、私たち自身やその同類である獣たちの未来についても考えることができる。

本書では生物が多様であることの意味についても考えてみたい。生物には個性があり、どの個体をとっても同じものはいない。また、種ごとに形態や生態は異なる。多様性は、さらに高次の生物集団についての概念、群集と生態系にも認められている。これら遺伝子の多様性、種の多様性、群集・生態系の多様性は進化の原因であり、また、結果でもある。すなわち、生命の本質ともいえるが、地球生態系の健全性の指標として、そのあり方は私たちの生存とも深く関わっていると考えられる。

それぞれの多様性が生み出される過程としては、物理的な環境への適応や偶然的な作用以外に、同種個体間の相互作用と種間相互作用が注目されている。私もこのような生物間関係にとくに着目する。

次に本書の構成だが、まず、1章では、日本の哺乳類相の特徴を概説した後、哺乳類の生活環境として森林の特徴について述べよう。次いで、2章では、日本の哺乳類相の生い立ちを、地史、植生史の研究、最近進んでいる野生生物の遺伝学的研究の成果から再構成してみよう。さらに、3章では、哺乳類の生活にとって一大事である食の問題、とくに森の植物と直接関係する植食性哺乳類の採食について、植物との共進化の問題にもふれながら解説する。そして、4章では、哺乳類が、森林生態系の一員としてどのような役割を果たしているのか、また、哺乳類どうしの種間関係について解説を試みよう。5章では、絶滅、農林業被害、外来種問題など、人間による哺乳類の生活への影響について述べ、そして、最後の6章では、哺乳類と人とが共存するための森林管理のあり方について考えてみる。

なお、日本の哺乳類の分類、和名、分布情報は、原則として、阿部永監修『日本の哺乳類』(東海大学出版会)に従う。

目次

1章
森で生きる獣たち

写真1-1　森の主、ツキノワグマ（伊藤悦次氏撮影、岩手県五葉山）

1・1　クマと生物多様性

クマの傘

日本の多くの野生哺乳類が、森林を生活場所の中心としている。その森林の主はといえば堂々とした体躯を持ったクマといってもいいであろう。

日本には二種類のクマが生息している。一つは北海道のヒグマ、もう一つが本州、四国の、そしてもしかしたら九州にも生き残っているかもしれないツキノワグマである（写真1-1）。成獣の体重はヒグマで一五〇キログラムから三〇〇キログラム、ツキノワグマで七〇キログラムから一二〇キログラムに達する。

ヒグマもツキノワグマも、その巨体を支えながら、子孫を残すため、食べることに貪欲だ。彼らの食物は季節ごとに移り変わる森の幸なので、彼らはその時々に利用可能な食物を求めて広い地域

図1-1　クマの傘。ツキノワグマはアンブレラ種といっていいであろう。

を動き回る。そして、その行動は森林の状態に敏感に反応する。クマがその生理的な要求を充分満たしながら安心して暮らせる森は、真に豊かな森といえるだろう。

クマのように行動域が広く、生息に多様な環境が必要な種は、その種の保全を行うことによって、同じ域内に暮らす他の多くの生物種の生息も保証される。このような種は傘（アンブレラ）を広げて他の生物種を環境改変の雨風から守ってやれる種といった意味合いでアンブレラ種とよばれ、生態系保全のための目標種とされる（図１－１）。

また、彼らは食べた果実の種子を糞として広い範囲にまき散らすなど多様性のある森の維持や回復にも役立っていると考えられる。

しかし、彼らが安心して暮らせる豊かな森は日本、とくに西日本にはあまり残っていないようである。環境省の絶滅の恐れのある野生生物についてのデータベース（レッドデータブック）には、紀伊半島、東中国、西中国、四国、九州、そして青森県下北半島のツキノワグマが絶滅の恐れのある地域個体群として掲載されている。なかでも九州のツキノワグマはほぼ絶滅したと考えられている。

そんな森の主の顔つきが棲んでいる場所によって違うといったら、皆さんは信じてくれるだろうか。それは、私たちと東京大学の天野雅男さんの共同研究からわかってきたことである。[1]

丸顔と面長の秘密

私の所属する森林総合研究所では、ツキノワグマの行動、形態、遺伝子の研究を各地で進めながら、なんとか人間と彼らが共存する方法を探っている。私たちが東北地方で調査対象地とした岩手県では、秋田県との県境を東北地方の背骨のように走る奥羽山脈と、太平洋側の北上高地のそれぞれにクマの分布のまとまりがある。その間には、分布の空白地帯が認められ、見かけ上、生息地が分断されているかのようである（図1－2）。

私たちは、この両山系で駆除されたクマの頭骨を収集し、歯の根元にできる年輪から年齢を判定するとともに（写真1－2）、頭骨の三一の部位を測って比較した。

驚いたことに、観察や計測を進めるうちに、捕獲の記録を見ないでもクマの産地をいいあてることができるようになってきた。判別のポイントは、ひと口でいうと、奥羽山脈のクマは面長、北上高

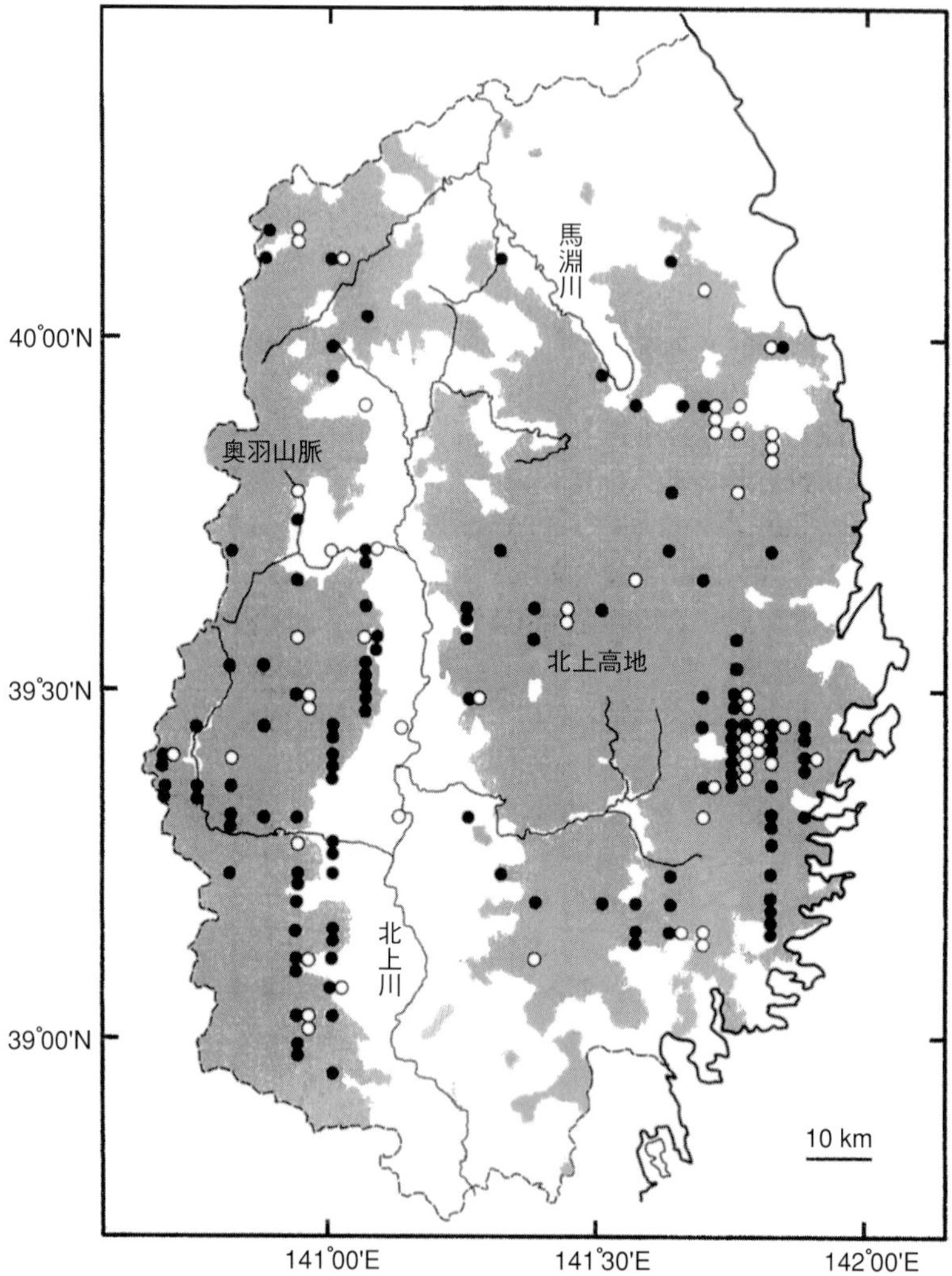

図1-2　北上高地と奥羽山脈のツキノワグマの分布と標本採取地点（●：オス、○：メス）（Amano *et al.*, 2004を改変）[2]。灰色の部分が分布地域で岩手県（1991）をもとに作図。

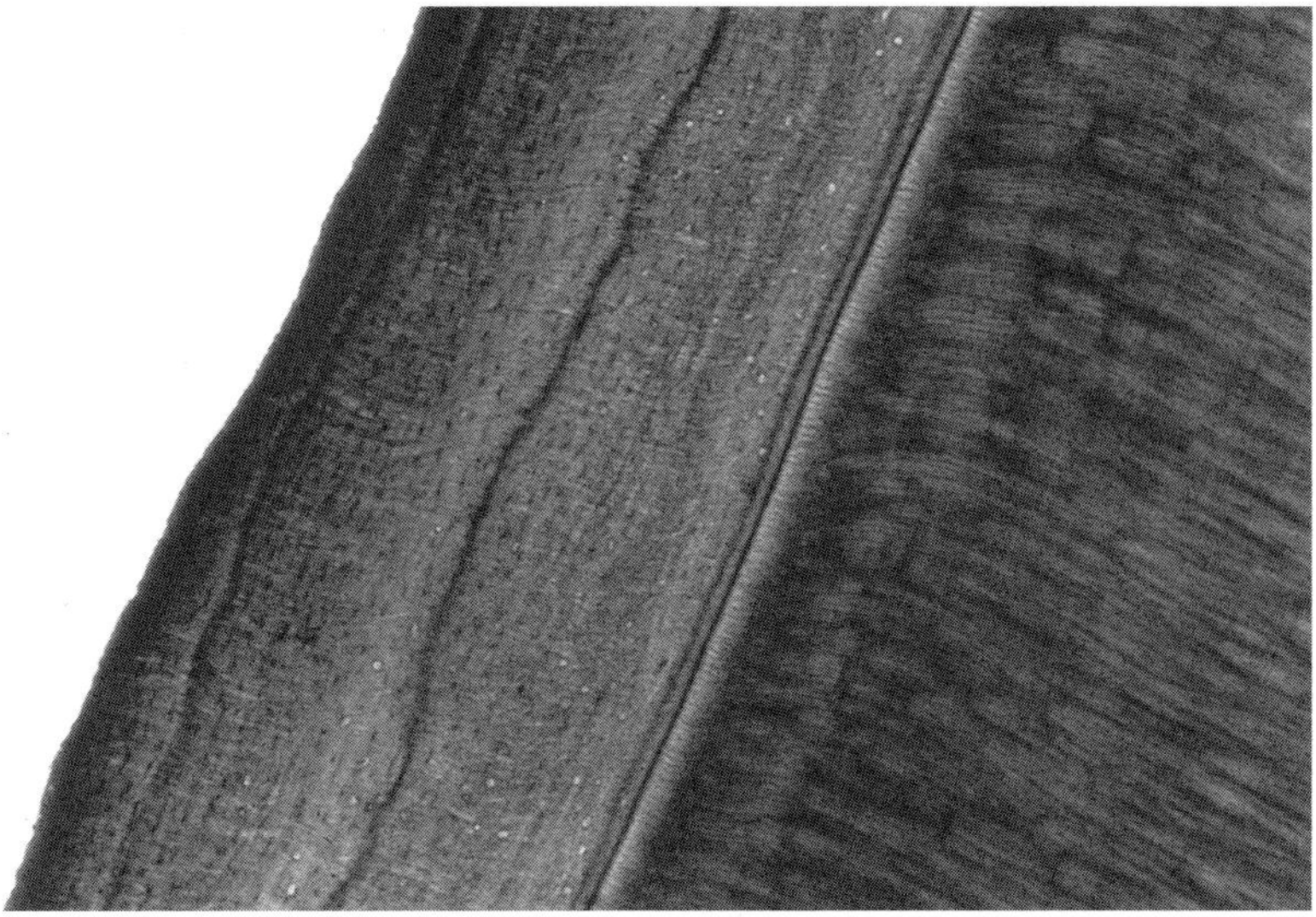

写真1-2　3歳のツキノワグマの第四前臼歯歯根部切片。外側のセメント質に3本の年輪が見える。20μmの切片を、デラフィールドヘマトキシリンで染色した。

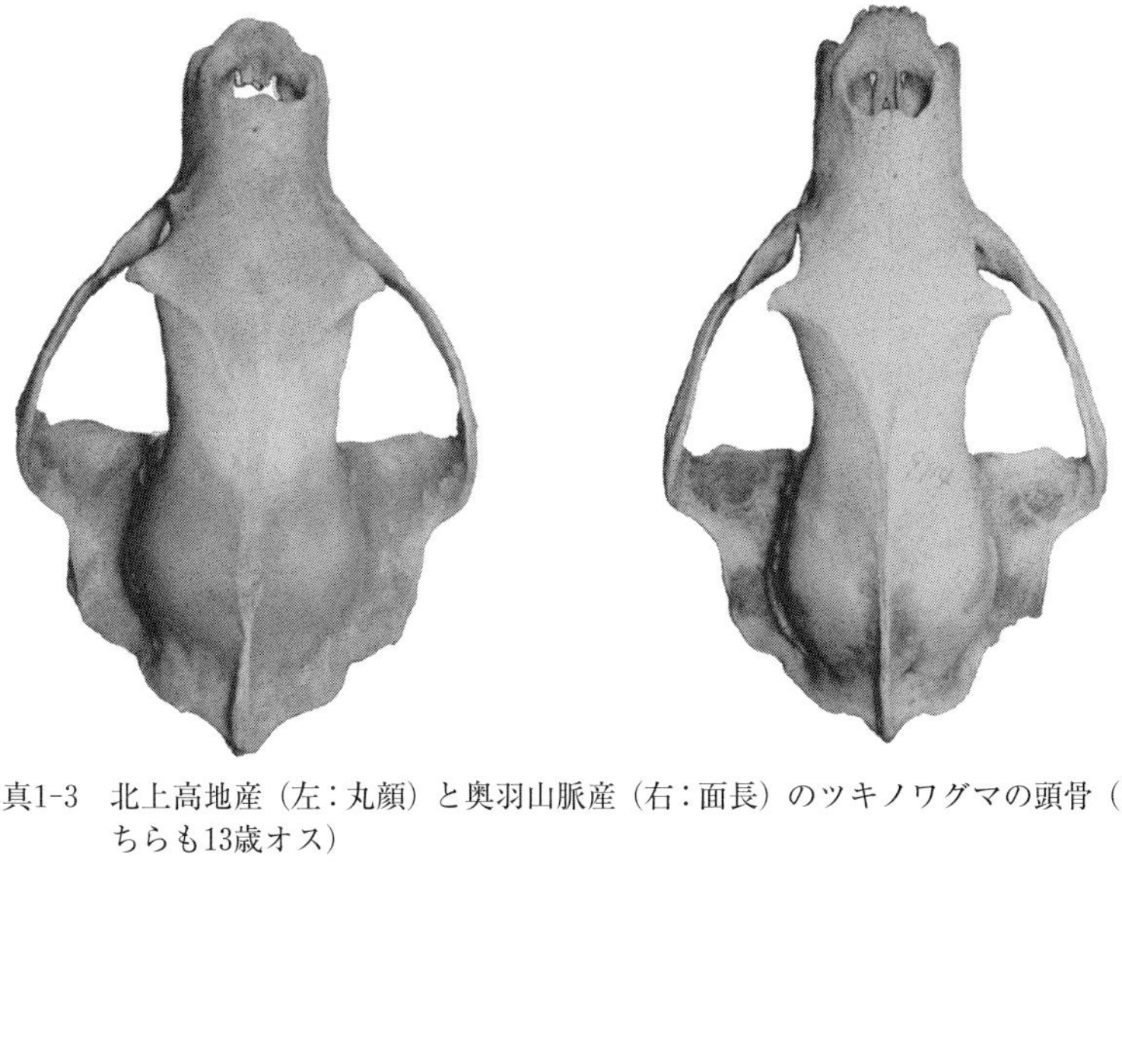

写真1-3　北上高地産（左：丸顔）と奥羽山脈産（右：面長）のツキノワグマの頭骨（どちらも13歳オス）

地のクマは丸顔ということである（写真1－3）。その違いは際立ち、実際の計測値にも明瞭に現れた。

奥羽山脈産のものは、上下顎の歯列長（歯の並びの長さ）、臼歯列長（臼歯の並びの長さ）、鼻骨長、頬骨長など鼻面の長さを反映する計測部位が北上高地産のものより顕著に長い傾向があった。一方、口蓋幅、眼窩幅など頭の幅を反映する計測部位は北上高地産がより広いという傾向が認められた。これらの傾向はオスとメスの両方で確認され、統計解析でも明瞭な差異として検出された。[2]

計測部位の中で臼歯列長にも明確な差異が認められたが（図1－3）、臼歯は幼獣の段階で完成するので、その後の環境の影響を受けることがない。つまり、北上高地産と奥羽山脈産の形態的な差異は、異なる環境下で成長することによって後天的に生じたものではなく、遺伝的に固定したものなのだ。このことは、奥羽山脈と北上高地のツキノワグマは、かなりの時間、互いに隔離されており、現在でも遺伝的交流はごく限られているということを意味する。

奥羽山脈と北上高地を分けるツキノワグマの分布の空白域には北上川と馬淵川という大きな河川が流れている。北上川は、岩手県北にある分水嶺で馬淵川と源流部を接するが、南へと流れ、宮城県の石巻で太平洋にそそぐ。一方、馬淵川は北へと流れ、青森県の八戸で同じく太平洋にそそぐ。すなわち、この二つの河川によって、北上高地の輪郭がかたどられていることになる。二つの河川に沿っては、幹線道路や鉄道が通り、農耕地や人間の居住地域が広がっている。分水嶺のあたりでは、奥羽山脈と北上高地から続く森林がかなり接近しているが、この地域の森林は針葉樹人工林が多くツキノワグマの生息には不適である。おそらくこれらが「現在」、クマの往来の障害になっていると考えられ

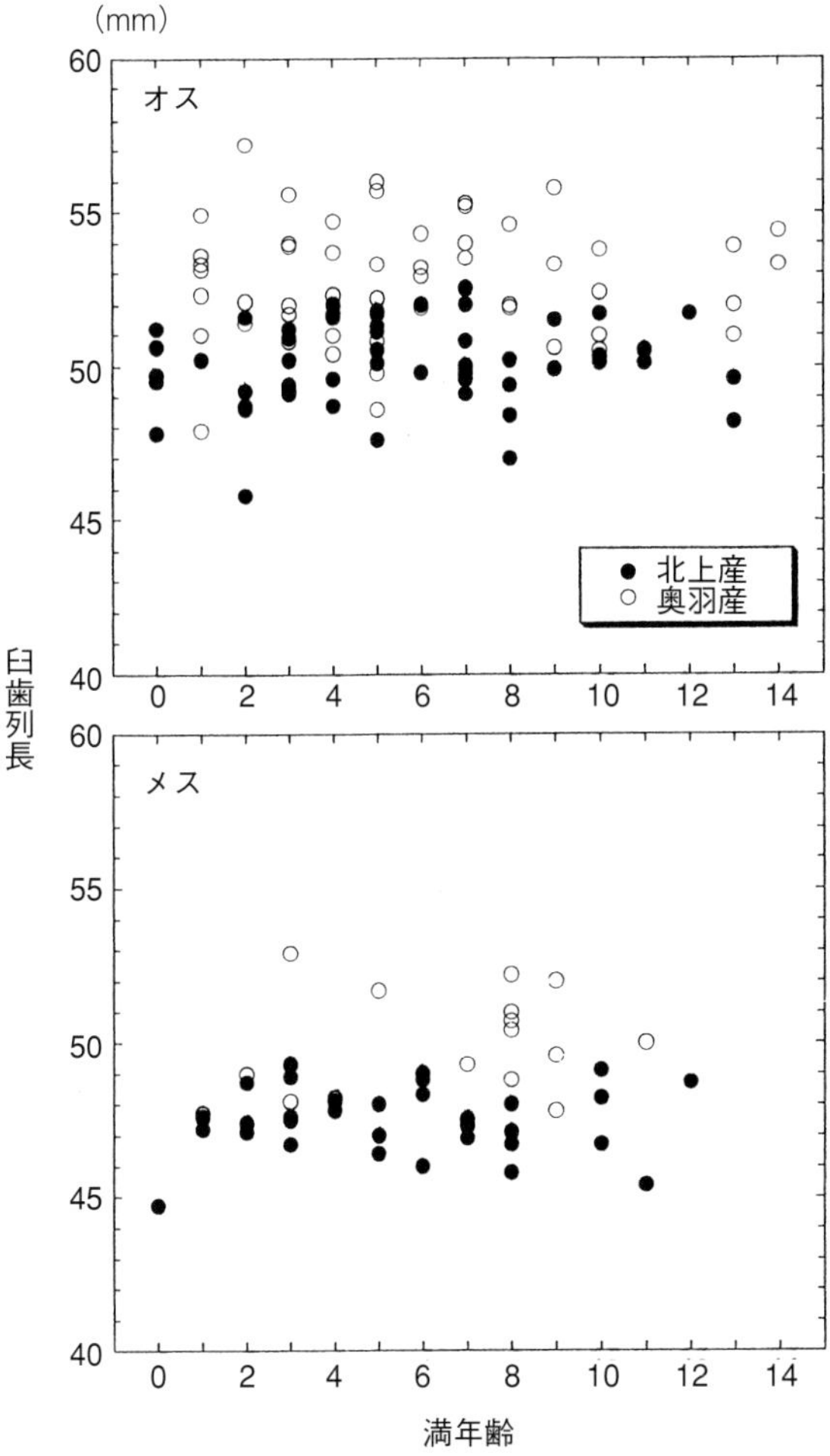

図1-3　北上高地産と奥羽山脈産のツキノワグマの年齢と臼歯列長の関係（Amano *et al.*, 2004）[2]

る。しかし、顕著な頭骨形態の違いは、隔離が人間活動による生息地の分断以前から生じたことを示唆している。

人間活動以前において、いったい何が遺伝子の交流をさまたげる障壁になったのであろう、奥羽山脈は比較的新しい造山運動で形成されており、火山が多い。この地域の北部にある十和田湖も火山の陥没カルデラにできた湖である。この十和田火山の周辺には奥瀬火砕流（四万三〇〇〇年前）、大不動火砕流（三万年前）、八戸火砕流（一万五〇〇〇年前）の堆積物が広く分布しており、十和田市や秋田県の鹿角市には火砕流台地が見られる。また、平安時代にも大噴火が起こっており、さらに広い範囲で降灰が認められている。[3] つまり、北上高地と奥羽山脈が接する北上高地北部の森林植生は長期間火砕流や降灰の影響を受けた可能性がある。

過去にさかのぼると、この地域の森林は火山活動や気候変動の影響も受けて今とは違った姿であったことが推測できる。また、ツキノワグマの行動特性も奥羽山脈と北上高地の遺伝的隔離に関係しているかもしれない。今後、ツキノワグマの社会構造、遺伝子、この地域の地形変化や植生変化の情報を新たに加えて遺伝的分化の歴史を明らかにしていく必要がある。

クマの生物多様性から

地域固有の自然の保全は、岩手県のツキノワグマの例で見られた種内の遺伝的な差異、いいかえれば遺伝的多様性の保全をはじめとして、種の多様性の保全、生態系の多様性の保全によって果たされると考えられている。

なかでも、遺伝子の多様性は、種がなんらかの新しい環境にさらされた場合に生き残る可能性と新しい種が誕生する可能性を確保するために保たれなければならない。この考え方に基づくと、奥羽山脈の面長のクマも北上高地の丸顔のクマもともに保護する必要がある。

　このように、研究によって岩手県のツキノワグマについての私たちの知識は増えたが、実際のクマ対策においては難しい課題がつきつけられることになった。

　奥羽山脈の地理的連続性を考えると、そこに生息するツキノワグマは青森、秋田、宮城、山形へと連続する比較的大きな（クマ本来の行動特性による制約がなければその内部で自由に交配できる）個体群をなすと考えられるが、北上高地のツキノワグマは孤立していることが明らかとなった。つまり、北上高地ではツキノワグマが捕獲され個体数が減少しても、自然な状態では他所から個体が補給されることはない。その地域で行われる捕獲行為が、個体群の運命を決めてしまうことになる。その一方、6章でも述べるように、北上高地は人身被害や農業被害が発生する可能性が高いところでもある。今のところ駆除はツキノワグマの被害防除において避けられない選択肢であると考えられるが、北上高地では捕獲制限などによりツキノワグマの保護と駆除のさじ加減をかなり慎重にあんばいする必要があるのだ。もちろん、その他の防除対策も強化する必要がある。

　また、ツキノワグマのように身体が大きく、移動能力のある動物であっても、現在の人間の土地利用が原因となって生息地が分断されてしまうことも明らかになった。京都府のツキノワグマにおいても、見かけ上の分布は連続しているのに、河川やその周辺環境によって遺伝的交流がさまたげられている事例が見つかっている。[4] 同じような状況は全国的にあるだろう。移動能力のより小さな他の地上性哺乳類がどのような影響を受けているのか大変懸念される。

　丸顔と面長のクマは、日本の森林における哺乳類の多様性の実態、その生物学的な意味、日本の生物多様性が直面している現実的な問題について、私たちに大変多くの問いかけをしている。

写真1-4　ウワミズザクラの若葉を採食するニホンザル（青森県白神山地）

1・2　森のアーキテクチャ

樹冠部の住み心地

日本に生息する在来の哺乳類は海棲のものを除くと一三科五九属一〇七種（外来種を入れると一六科七〇属一二〇種）で、そのうち約八〇パーセントが森林、または林縁の生活者である。[5] このような森林で生活する哺乳類の中には人間と競合した結果、森林に追いやられたものもいると考えられるが、積極的に森林を利用するものは多い。

ニホンザル、ツキノワグマは地上でも生活するが、木登りが上手で、樹冠部に存在する大量の食物、つまり樹木の葉、花、果実を利用することにより、越冬や子育てのために充分な栄養を蓄える（写真1－4）。森林では、空から降りそそぐ太陽エネルギーの多くは樹冠部で遮断され、光合成に利用される。そのため、生物量が豊富なのは林内よりも樹冠部と落葉など生物遺体や生物の排泄物の堆積する土壌部なのである。

滑空性のモモンガ、ムササビもこの樹冠部の食物資源を積極的に利用している哺乳類だ。彼らは樹木が連続して生えていないと、その運動能力を発揮できずに地上ですぐに捕食されてしまうだろう。

さらに小さな哺乳類で森林と緊密な関係を持って生活しているのがヒメネズミやヤマネである。彼らは樹上生活に適応しており、樹上でのバランスをとるための長い尻尾と細い蔓や木の枝をしっかりとつかめる細くて柔軟な足指を持っている。小型の動物は代謝率が高く、これを満たすために高タンパク、高エネルギーの昆虫や種子などの食物を求めて地上のみならず生産量の高い樹冠部まで採食空間を広げているのだ。また、樹冠部の葉の茂った枝先に潜めば、たいていの捕食者から隠れおおせることができるだろう。

これらの哺乳類では森林が広く伐採されると真っ先に個体数の減少が見られる。

植生遷移

植生遷移（5章コラム参照）に応じた異なる森林タイプへの哺乳類ごとの好みの違いからも日本の哺乳類と森林の切っても切れない関係が読み取れる。ニホンジカはどちらかといえば撹乱直後で食物となる下生えの豊かな若齢林分を好み、ニホンザルやクマには若葉と果実を充分生産する広葉樹の壮齢林が必要だ。枯損木、倒木、樹洞のある生立木が必要な哺乳類もいる。枯損木や倒木はそこに様々な無脊椎動物が発生するので良い採食の場になるとともに、小・中型哺乳類の隠れ場所にもなる。また、生立木にできた小さな洞はムササビ、モモンガ、一部のコウモリ類などの営巣場所として不可欠だ。これら枯損木、倒木、樹洞のある生立木は老齢林に多いと考えられている。

岩手県の八幡平で行われたコウモリ相の調査では、アカマツ林ではどの発達段階でもコウモリは確認されなかったが、他の林相では壮齢林や老齢林で確認種数が多かった。[6]

このように生物が生活している環境の諸条件の中でも、食物や捕食者からの回避場所などの生活資源、気温や湿度などの環境要因についての生物の要求の幅をニッチ（生態的地位）という。森林に生息する哺乳類それぞれにも固有のニッチがある。

森のニッチ

森林に生活する哺乳類の多様性の源泉の一つは自然の匠が創り出した森林のアーキテクチャ architecture（立体構造）にある。そこには、野生哺乳類の多様なニッチを満たす生活空間が存在する。森林を主に構成する樹木の幹、枝、根は、セルロースとリグニンといった分解されにくい化合物により補強されて堅牢であり、そのかなりの部分は哺乳類の食物とはなりえない。その一方で、幹と枝によって空間に張り出し、太い根によって地中に広がるという樹木の構造は、立体的な生活空間を生み出すとともに、温度、湿度、風、日射量などの気象を緩和し、捕食者から隠蔽してくれる快適、安心な住まいの骨格を提供している。また、この骨格の素材は、多様な形態、大きさ、発達段階、活力度の樹木とその枯死体であり、それらの不均一な配置は、他の景観との境界である林縁や水系など地形条件にも修飾され、森林の垂直的な構造と水平的な構造を一層複雑にしている。

さらに、気候に顕著な季節変化のある日本では、展葉、落葉、開花、結実が季節的であり、哺乳類の住まいや採食の場としての森林の状態は日々変化する。また、種子の豊凶には年変動があり、生態遷移による森林全体の不可逆的な変化もある。森林の生み出す哺乳類のニッチは空間的な変化に時間的な変化を加えて、さらに多様、複雑となる。

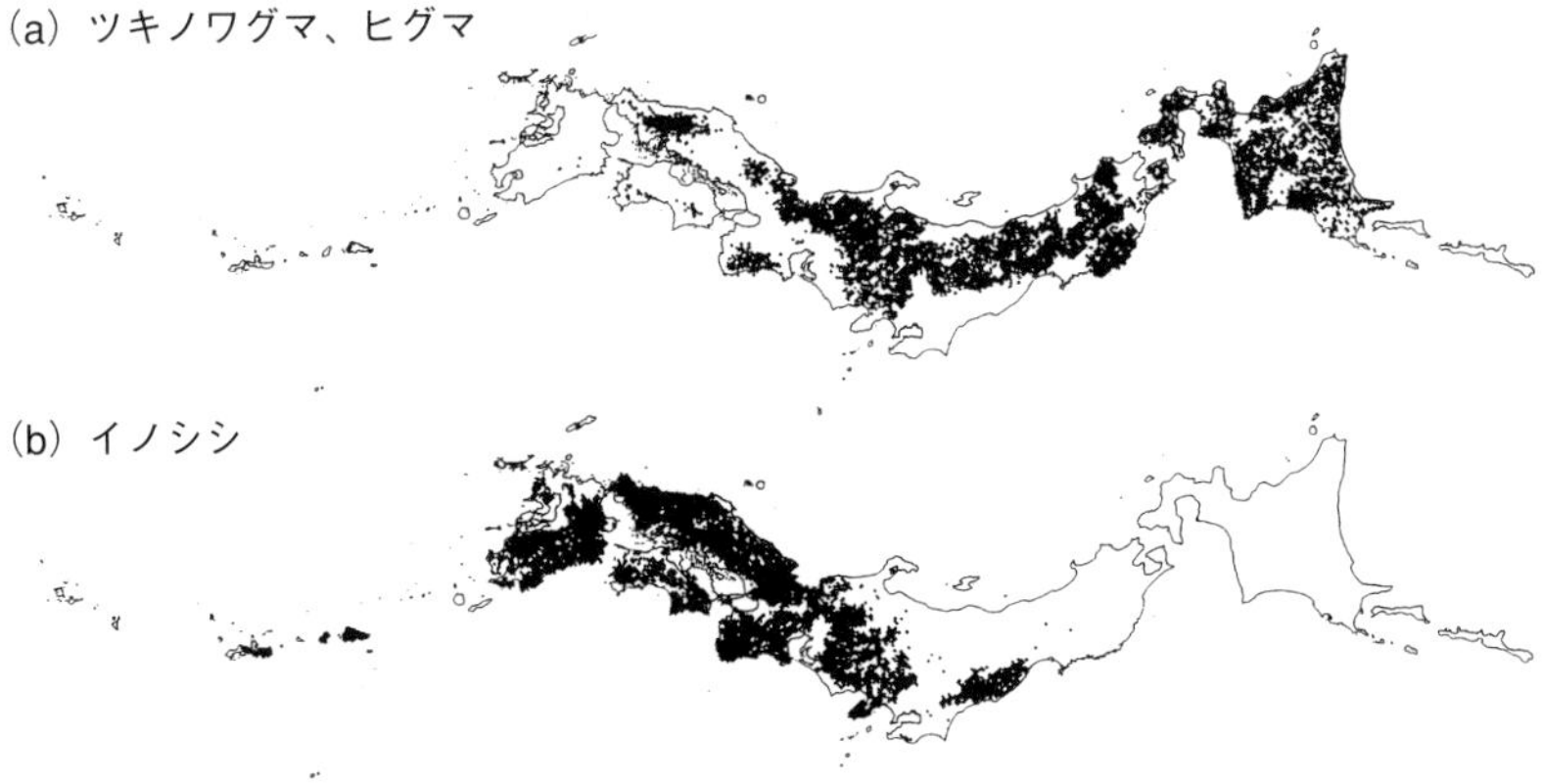

図1-4　クマとイノシシの分布（環境庁、1978）[7]。図1-6も参照して欲しい。

南北に長い日本列島の地理特性も日本の哺乳類の多様性を増す要因である。亜熱帯、温帯および亜寒帯にまたがる日本列島では森林も各気候帯に特有のものが形成され、それぞれの森林の生み出すニッチは異なる。植生図と哺乳類の分布図を比べてみると、このことがよくわかる。たとえば、ツキノワグマの分布は冷温帯を中心に広がるブナ・ミズナラ林の分布と重なり、イノシシの分布は暖温帯を中心に広がるシイ・カシ林あるいはその代償植生の分布と重なっている（図１－４）。

共進化の舞台

また、森林で生活する生物間の相互作用も哺乳類の多様性、もちろん森林生物全体の多様性を高めている。森林生物を食物連鎖の段階で分類すると光合成によって無機物から有機物を合成することのできる樹木などの植物からなる生産者、生産者の作った有機物を消費する動物などの消費者、有機物を分解して無機物に還元する分解者に分けられる。

哺乳類は消費者として位置づけられるわけだが、哺乳類をめぐる種間相互作用には、単純な食う食われるという栄

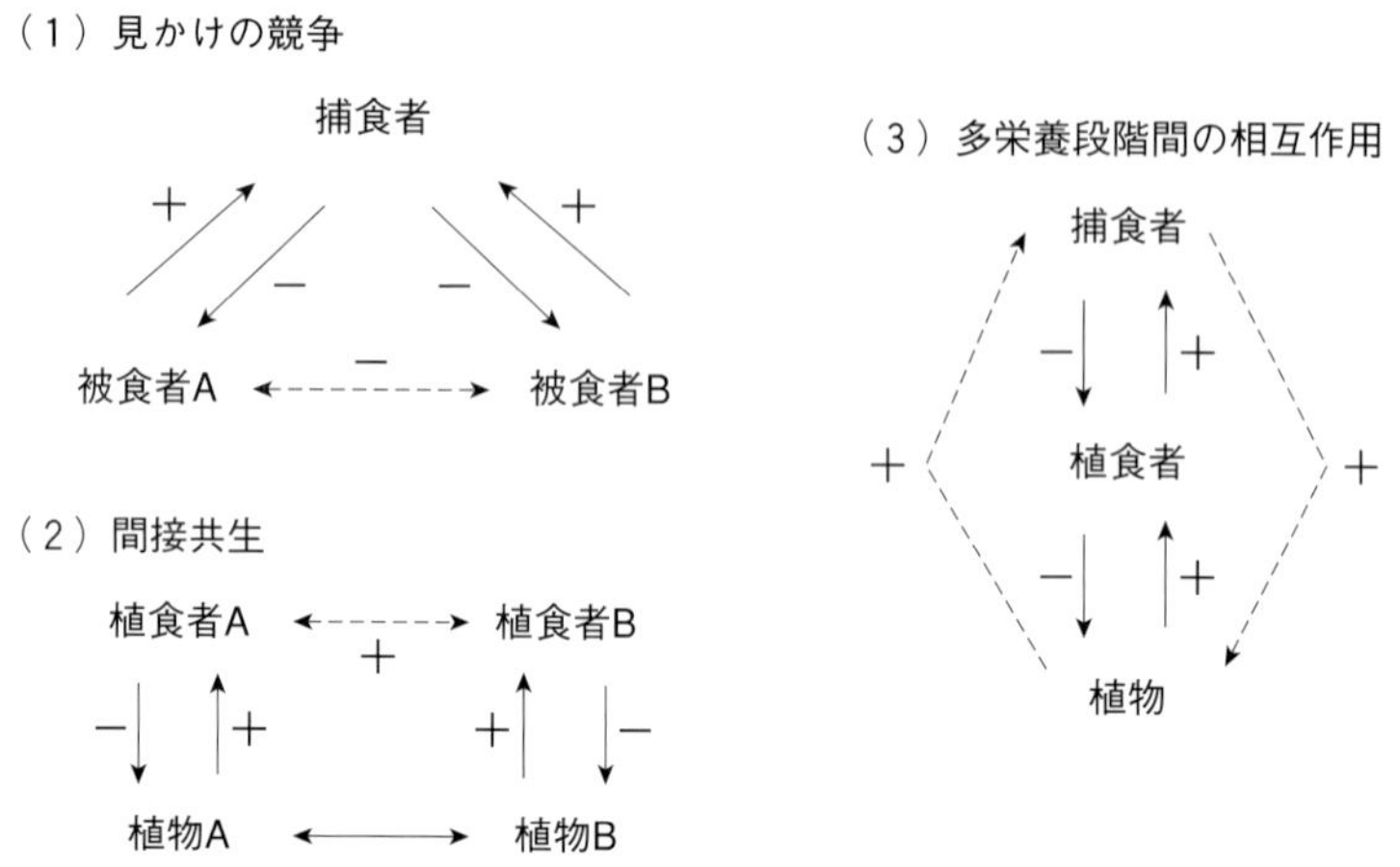

図1-5　代表的な間接効果（大串、2003）[8]。実線は直接効果、破線は間接効果を示す。（1）見かけの競争の例：捕食者が被食者Aを主に捕食して増加した結果、被食者Bへの捕食が増加する場合、AはBに間接的影響を与えたことになる。（2）間接共生の例：植食者Aが植物Aを利用し、減少させることにより、植物Aと競争関係にあった植物Bが増加、その結果、植物Bを利用していた植食者Bが増加。植食者Aは植食者Bに間接的な影響を与えたことになる。（3）多栄養段階間の相互作用の例：捕食者が植食者を捕食することにより、植食者が食べていた植物が増加する場合、捕食者は植物に間接的に影響を与えたことになる。

養段階の異なる種間の相互作用だけではなく、同じ資源をめぐっての種間競争、植物の側からすると食べられる一方、送受粉や種子散布などを哺乳類に頼るという共生関係がある。

また、生息地を同じくする生物は一見無関係に見えても第三、第四の種を介して間接的に結ばれていることも多い。同じ森林に生息するニホンジカと野ネズミは一見なんの関係もないようだが、ニホンジカがササを食べることによって野ネズミの隠れる場所がなくなり野ネズミの個体群密度が変わる場合が知られている。このニホンジカと野ネズミのように直接には相互作用がなくとも、ある種の存在、行動、密度の変化が第三の種に影響を与え、その行動、形態、分布、密度の変化を介してもう一方の種が影響を受ける場合がある。このように風が吹けば桶屋がもうかる式の作用を間接効果という（図1-5）。

種間相互作用は進化機構の一つでもある。たとえば、食う食われるという関係があれば、捕食者にはより効率良く獲物を捕らえられるように、また食べられる側にはうまく逃れられるように淘汰が働き、それぞれの動物の形態や行動は進化する。このように種間の相互作用を通じて複数の種の形質がともに進化する現象を共進化、共進化によって種分化が促進される現象を共種分化 cospeciation という。森林はこのような共進化の舞台でもある。

1・3 素描、日本の森

植生帯

ここで、哺乳類との関わりにもふれながら、日本の森林の姿について素描しておこう。日本はユーラシア大陸の東端に沿って南北約三〇〇〇キロメートル（緯度差で二二度）にわたって細長く伸びる列島弧をなし、亜熱帯、暖温帯、冷温帯、亜寒帯にまたがる。森林はこの気候帯に対応し四つの森林帯に区分される。南西諸島がアコウ、ガジュマル、イスノキなどに代表される亜熱帯の多雨林、その北で本州中部以西がシイ、アラカシなどカシ類に代表される暖温帯の常緑広葉樹林（照葉樹林）、本州の中北部と、北海道東部を除く残りが冷温帯でブナ、ミズナラに代表される落葉広葉樹林ないし針広混交林、北海道の東部が亜寒帯の常緑針葉樹林となる（図1-6）。

一般に、森林の成立には温度とともに降水量が重要であるが、日本の年平均降水量は約一七〇〇ミり（世界平均の約二倍）以上と湿潤なので、森林植生を決める主要因としては乾湿よりも温度が重要である。一種の積算温度である吉良の温量指数は四つの森林帯の分布をうまく説明することが知られている。

また、日本の面積の約四分の三は山地によって占められており、二〇〇〇～三〇〇〇メートル級の山岳地帯からなる脊梁部が大陸性と海洋性気候のしきりとなって太平洋側と日本海側の気候を対照的に特徴づけている。その差違は冬季の積雪量の違いとして顕著である。また、標高の高い山地では同じ地域の中で垂直的に気温が変化し、複数の気候帯が存在する。わずかの水平距離で、植生帯が低地林から山地林、そしてコメツガ、シラベなど常緑針葉樹林の生える亜高山帯林への移行が見られる。たとえば、中国・四国・九州の山地では一〇〇〇メートル以上ではブナ、イタヤカエデなどの冷温帯林が、七〇〇～一〇〇〇メートルではモミ、ツガなどの暖温帯移行林が、その下にアカガシ、ウラジロガシなどの暖温帯林が広がっている。

このような条件のもと、移動能力が高いニホンザルやクマなどの中・大型の哺乳類は、季節によって複数の植生帯を使い分ける場合がある。移動能力の低い小型の哺乳類の場合は、種によって標高による生息適性が異なり、種による棲み分けが生じることになる。たとえば、ヒメヒミズは山地帯上部から亜高山帯までの樹林帯に生息し、ヒミズは低標高の山地、丘陵地、草原など、より多様な環境に生息することが知られている。

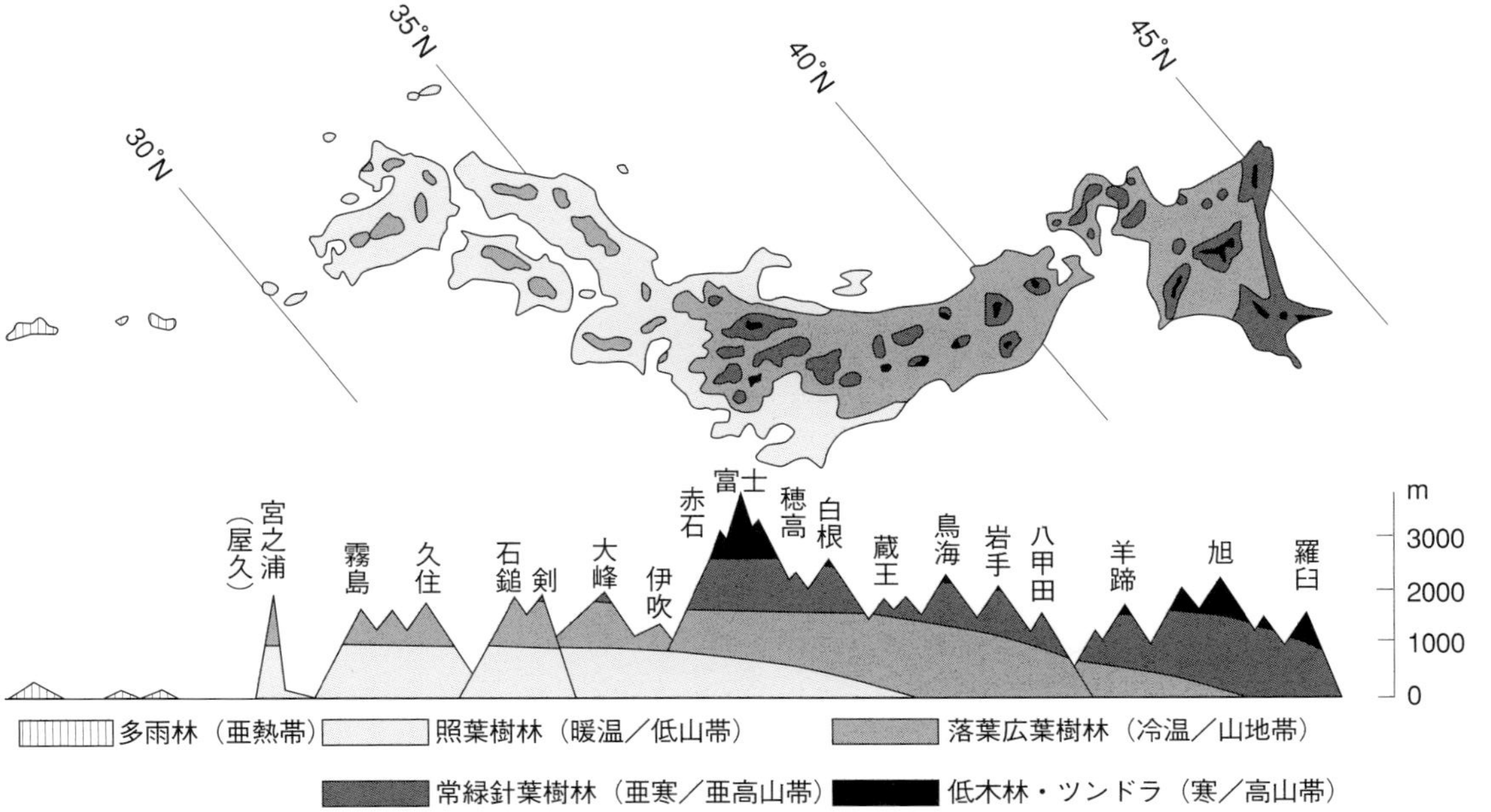

図1-6　日本の植生分布（只木、1992）[9]。只木良也、1992：林野庁『森林インストラクター入門』全国林業改良普及協会、1992より。

積雪条件

積雪は哺乳類の生活に直接的に影響している。ニホンジカは積雪五〇センチメートル以上になると行動に支障が生じ、生息困難になることが指摘されている[10]。同様にイノシシも雪の少ない地域に生息する傾向がある。また、太平洋側のブナ林では落果してから消失する種子の割合が日本海側より大きいが、これは日本海側のブナ林では積雪により野ネズミの冬季の採食行動が制限され、食害率が減るからであろうと推測されている[11]。

さらに、積雪は森林植生を変化させ、それによって哺乳類の生活に間接的にも影響していると考えられる。積雪量の多い日本海側のブナ林は樹種組成が単純で、寡雪の太平洋側ブナ林は樹種多様性が高い[12]。また、積雪量の多い地域では雪が下生えを低温から保護する効果を持ち常緑広葉樹が低木として北上している。常緑のササ類は日本でもっとも一般的な林床植物の一つであるが、筍、新葉、成熟葉とも哺乳類の重要な食糧である。チシマザサは雪による倒伏に強く多雪地帯に多いのに対して、スズタケ、ミヤコザサは太平洋側の寡雪地帯に多い。多雪地帯における積雪期のササは急傾斜地や沢筋にだけ顔をのぞかせる限られた食物資源であるが、寡雪地帯では冬でも豊富で重要な食物資源となる。また、ササのある場所では、その被覆で天敵の目を免れることができるため野ネズミの行動が活発になり、ブナ種子の生残率が低くなるとともに発芽時期の食害も多くなると考えられている[13,14]。

人工林

森林に加わる人手も哺乳類の生息地条件に大きな影響を与えている。本書の最後で森林管理の観点からこのことについて詳しく述べたいが、ここでも簡単にふれておこう。

ことに面積にして日本の森林の四一パーセントを占める人工林はその九八パーセントが針葉樹林であり哺乳類の生活に大きな影響を与えている。しかし、その影響は生育段階や施業の方法により様々である。

平成一五年度の林業白書に基づくと、四国の人工林率が六一パーセントともっとも高く、東海地方が六〇パーセント、九州が五六パーセントと続く。もっとも低いのは沖縄県の一三パーセントで、北陸の二五パーセント、北海道二七パーセント、中国地方四〇パーセント、東北四一パーセントと続く。

広葉樹二次林

薪炭林として使われていた常緑広葉樹二次林は九州、四国、近畿に多い。また、落葉広葉樹二次林は東北地方、中部地方で多い[15]。これらの森林で実るドングリは、有毒なタンニンの多いものもあるがタンパク質が多く、哺乳類の重要な食物となっている。二次林の中には過度の利用や山火事でアカマツ林やはげ山になったところもある。とくに古くから人口密度が高かった西日本では、製鉄、製塩、窯業などの燃料採取のため森林開発が進み、二次林が大きく広がった。さらに、第二次大戦中は松根油をとるためにアカマツの根まで掘り取られ、山地の荒廃が進んだ。その結果、山陽地方の沿岸部から滋賀県にかけては、一時期、日本でもっともはげ山の多い地帯となった。このような森林の状態を反映してかニホンリス、ツキノワグマ、カモシカなど西日本の哺乳類には絶滅の恐れのあるものが多い。

人里周辺に広がる二次林（いわゆる里山）の状態は、野生動物と人との関係に大きな影響を与えていると考えられる。かつて薪炭、肥料の採取など積極的な利用により維持されてきたこの森林も、現在は、手入れや利用が滞り、マツ枯損やタケの分布拡大などをともなってその姿は大きく変化しつつある。野生動物の生息地保全を考えるうえでその実態を明らかにしておくことは大変重要である。

また、神聖な領域として保護されてきた鎮守様には、古代を偲ばせるうっそうとした森が残っているが（明治以降に植樹されたものも多い）、周辺の開発により野生哺乳類の生息地としては孤立する傾向にある。

哺乳類相の類似から日本をいくつかの地域にまとめることができる。その地域ごとに、森林の素描を続けてみよう。

北海道

北海道は、日本でもっとも高緯度にあり寒冷気候の影響を一番受けている地域である。面積は国土の二二パーセントを占めるが、人口密度は一平方キロメートル当たり七二人程度で全国平均の五分の一にすぎない（平成一五年度総務庁統計局の資料に基づく）。森林率は七一パーセントで人工林率は二七パーセントと比較的原生的な自然が残っている。

森林が、山麓に続く緩斜面や広い谷、山間盆地にまで広がって樹海をなしていることに景観の特徴がある。森林帯は大きく三つに分かれ、①渡島半島の基部に当たる黒松内低地帯以南でブナ、ヒノキアスナロ、サワグルミ、マンサク、リョウブ、サラサドウダンなど東北地方と類似の冷温帯落葉広葉樹林帯、②この地域以北で同じく冷温帯林の針広混交林地帯、③道東の亜寒帯針葉樹林帯となる。

北海道の森林は、比較的原生的ではあるが、広く人為の影響も受けている。開拓時代には伐採と火災によってその多くが農耕地やササ原になり、現在も森林が回復していないところが多い。また、昭和三〇〜四〇年代にはカラマツの拡大造林が盛んに行われたが、エゾヤチネズミが大発生しカラマツ人工林に大きな被害が出た。

北海道の在来哺乳類は四一種（海棲種を除く）である。そのうちからコウモリ類を除いたものの六一パーセントは日本では北海道とその周辺の島にのみ見られるが、サハリンやシベリアには同類が生息する。[16]固有亜種エゾオオカミは一八〇〇年代末に絶滅している。明治期から洋式の酪農が振興されたこの地域ではエゾオオカミは家畜の害獣と見なされ、積極的な撲滅が推進されたからである。また、現在は爆発的に増えているニホンジカも、明治時代には過度の捕獲のため道東にわずかに残るだけになったこともある。

本州・四国・九州

冬期に北西の季節風が吹き雪や曇天の多い日本海側と、晴天が多い太平洋側が対照的である。また、瀬戸内海のように年間を通じて雨量が少なく気候が温和な地域もある。おおまかに分けると東北地方から中部地方にかけては冷温帯林、近畿以西は暖温帯林となる。しかし、冷温帯の植生を代表するブナ林は鹿児島県の高隈山が南限であるし、暖温帯林である照葉樹林は関東平野から房総半島にかけても、さらに東北地方南部の海岸部まで分布する。

関東、東海、近畿地方は、人口密度が高く、森林にも人の利用が色濃く出ている。とくに、早くから開発がはじまった西日本には人口稠密な地域が多く、人間の集約的土地利用が奥山にもおよび哺乳類で絶滅の恐れのある個体群がいくつかある。中国、紀伊半島、四国のツキノワグマや中国地方と九州のニホンリスがそうである。九州では両種とも最近の生息情報はなく絶滅の可能性が高い。また、中国地方のカモシカは絶滅したらしいし、四国、九州では分布域が極端に狭い。

本州、四国、九州およびその周辺の島々の哺乳類の種構成は、基本的には同じである。在来の哺乳類は六〇種認められ、その約四二パーセントが固有種である。中国東北部あるいはそれ以北に類縁を持つグループ（トガリネズミ、ニホンリス、ハタネズミ、イタチ類、キツネなど）と中国南部やヒマラヤなどより南方に起源を持つグループ（ミズラモグラ、カワネズミ、ムササビ、カモシカなど）の二つのグループに分けられる。[16]

本州周辺の島のうち、対馬の哺乳類相は朝鮮半島の影響を受けて他の地域とやや異なっている。本州の哺乳類相にコジネズミ、クロアカコウモリ、シベリアイタチ、ツシマヤマネコなど朝鮮系の種を含んでいる。また、ツシマテン、ツシマアカネズミはこの島で亜種分化したと考えられる。

南西諸島

南西諸島は九州南端から台湾まで飛び石状に並ぶ島弧であり、黒潮に洗われる亜熱帯気候の一二〇あまりの島々からなる。この地域の主要な植生は照葉樹林であり、海岸や河岸にはマングローブ林も発達する。

この地域には、三〇種の在来の哺乳類が生息するが、単位面積当たりでは南西諸島以外の日本の種数の約二〇倍となっている。一九九八年にヤンバルホオヒゲコウモリ、リュウキュウコテングコウモリが新種記載された。三〇種のうち、一〇種（イリオモテヤマネコ、アマミノクロウサギ、オリイジネズミ、ケナガネズミなど）が固有種であり大半が古いタイプだということも見逃せない。

小笠原諸島

本土から一〇〇〇キロメートル離れた大海原に浮かぶ小笠原諸島は亜熱帯の島々である。森林は沖縄の照葉樹林と共通の構成種からなるが、ブナ科を欠く。外来種を除くと哺乳類は固有種オガサワラオオコウモリだけである。

1・4　森の食糧事情

食糧天国？

野生哺乳類にとって食は生存と繁殖のためもっとも基本的かつ不可欠な問題である。まず、森林の食糧事情について検討してみよう。当たり前のことではあるが、森林の食物資源は有限であり、哺乳類の生息数は無限に増えることはない。森林の食物資源の質、量、分布が、そこに棲む哺乳類の行動や個体数にどのように影響を与えるのか見てみたい。

北九州の常緑広葉樹林と本州中部の落葉広葉樹林に生息するニホンザルの群れの代謝量の推定値と、その生息地と類似の森林の生産量の推定値から、これらの地域のニホンザルは森林の純一次生産量の〇・三六〜一・六パーセントを消費しているだけだと概算されている[17]。もちろん、森林中の植物を糧としているのはサルだけではなく、他の哺乳類の食い扶持も計算に入れる必要があるが、残念ながら利用できるデータはない。一般に、森林生態系においては、光合成によって生産された有機物のかなりの部分は、遺骸や落ち葉を分解する分解者からなる腐食連鎖に流れ、昆虫、鳥類、哺乳類などの動物に食べられて生食連鎖に流れる有機物は純一次生産量の数パーセントだと推測されている。

食葉性昆虫の大発生で樹木の葉が食べつくされることもたまにはあるようだが、この数値を見ると森林の動物は、ありあまる食糧に囲まれた天国で生活を送っているかのようだ。しかし、四季が明瞭な日本では植物の物質生産に季節性があり、天国の時期は長く続かない。また、気候の年変動や植物の発育段階、生理状態の変化、人為的な影響で、森林の生産力は変化し、哺乳類の食糧事情も少なからぬ影響を受ける。その影響は個体の一時的な行動にとどまらず、生存や繁殖にもおよんでいる。

食物に関して日本の哺乳類の生活に恒常的に大きく影響しているのが、その季節変化であろう。秋と春が食物のもっとも豊富な時期で冬がもっともきびしい時期であるが、果実や種子など秋の食物は栄養の中でもカロリーが高く、若葉が主となる春の食物はタンパク質含有量が高い[18]。さらに、夏は緑あふれる季節であるにもかかわらず夏痩せする哺乳類が多く食物の端境期である可能性が疑われている。

このように季節に応じて食糧事情の変わる日本の森林で、哺乳類は越冬、妊娠、子育ての方法に工夫をこらしている。

越冬

まず、冬であるが、冬には食糧事情の悪化とともに低温という環境条件の悪化がある。哺乳類が採用している冬のやりすごし方には三つある。まず、どの哺乳類も採用しているのが秋のうちに豊富な食物を貯蓄するという方法である。ただし、その中には体脂肪としてエネルギーを貯め冬の間に欠乏する分を補うものと、そのまま食糧として貯めるものとがいる。

体脂肪を貯める方法は体の大きな哺乳類にとって有利な方法である。一方、食糧を貯める方法を採用するのは野ネズミ、ニホンリス、ナキウサギなど小型の哺乳類に多い。体が小さい哺乳類は、体腔内に脂肪を貯める余地が少ないうえに、体重当たりの体表面積が大きく貯蓄した脂肪の割に失う熱が大きいからだ。

蓄積される栄養として脂肪が主であるのには、三つの理由がある。一つ目は、脂肪の熱量が一グラム当たり九・一五キロカロリーであり、四・一五キロカロリーの炭水化物と五・六五キロカロリーのタンパク質よりも貯蔵効率が良いこと。二つ目は、脂肪の燃焼は炭水化物やタンパク質の燃焼に比べ二酸化炭素の産出量が少なく呼吸によるガス交換の必要が低いので、そのためのエネルギー損失を抑えることができることである。三つ目は、皮下に蓄えられた脂肪は体毛とともに断熱効果があることだ。

積雪地帯のサルでは春先には体重が秋の二〇パーセントも減少することが知られている。また、クマは冬眠後、冬眠直前の体重の一五〜二五パーセント、ヤマネは二六〜四〇パーセントを失うといわれている。しかし、蓄積脂肪は冬眠中に使い切るわけではなく、食物の乏しい早春の活動のために使う種類もいる。このほか、脂肪はオスが配偶相手をめぐる闘争に専念するときやメスが授乳するときのエネルギー源としても重要である。

脂肪蓄積のため夏から秋にかけて哺乳類の食欲は旺盛になるが、多くの脳部位が食欲と関わっている。とくに中心的な役割を果たしている部位は視床下部にあり、視床下部の外側野が食欲増進に、腹内側核が満腹感を起こして食欲を抑える働きを持っていることが知られている。これらの部位が外気温の変化にさらされると、食欲が増したり、逆に、食欲が落ちたりするのだ。冬に食欲が落ちるのは、充分には存在しない食物を求めて動き回りエネルギーを浪費するより、食欲を抑えエネルギーを節約するほうが有利だからであろう。

冬をやりすごす方法の二つ目は、条件の良い他地域へ移動する方法である。日光や北海道のニホンジカ[19-21]や中部山岳地帯のニホンザル[22,23]では雪や寒さを避け、食物のある場所を求めての季節移動が観察されている。

三つ目は冬眠である。日本の哺乳類で冬眠するもの、また冬眠をすると推定されているものにはヤ

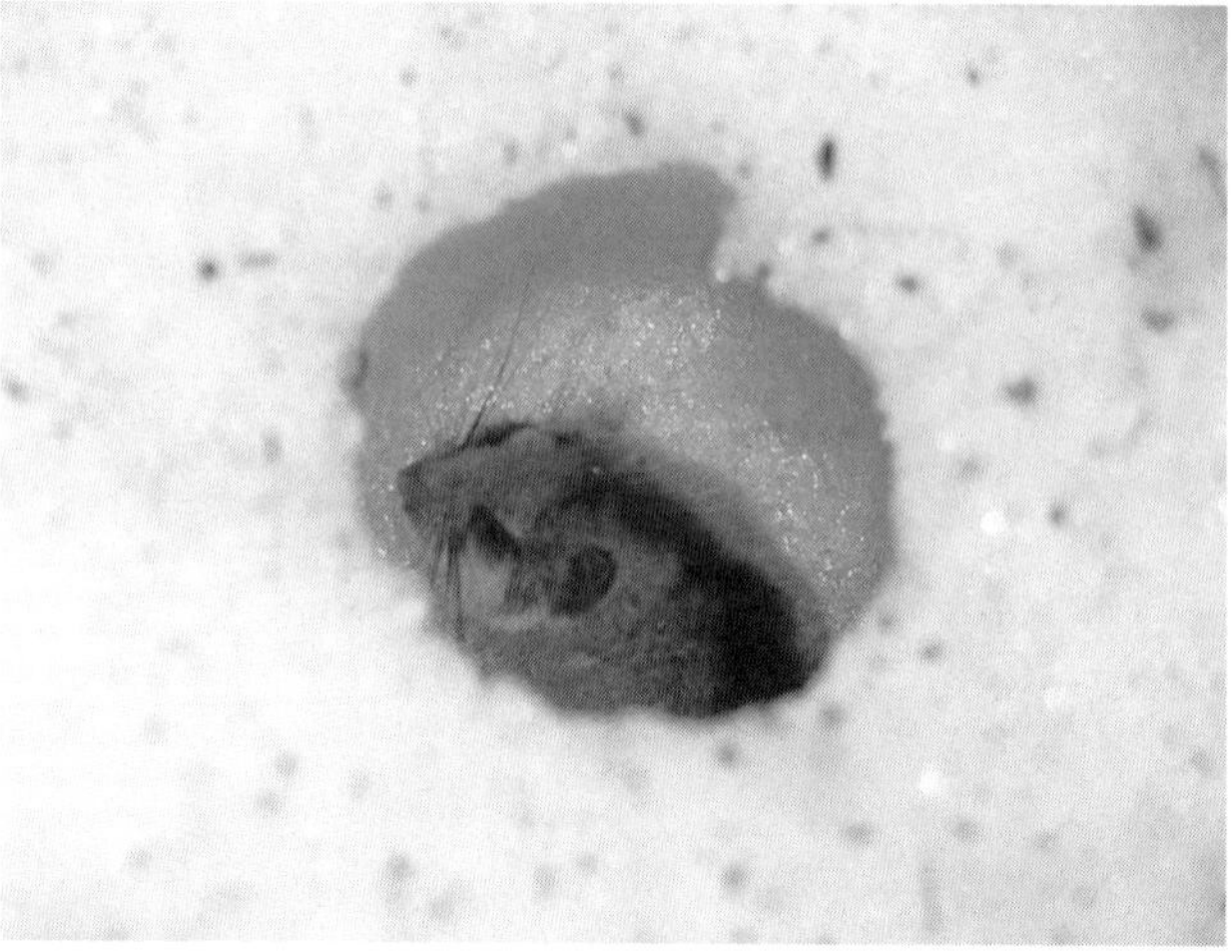

写真1-5　雪の中から現れた冬眠中のヤマネ（青森県白神山地）

マネ（写真1－5）、エゾシマリス、食虫性のコウモリ類、アナグマ、ツキノワグマ、ヒグマなど三二種がいる[24]。彼らは、体温を低下させ低代謝状態になることにより秋に蓄積した栄養を節約しながら使う。

クマやアナグマ以外では体温を〇度近くまで下げ、心拍数、呼吸数、代謝速度も下げるが、冬眠期間中は時々覚醒する。エゾシマリスでは体脂肪蓄積を行わずあらかじめ蓄えておいた食物を食べ排泄も行う。一方、クマは、低代謝状態になるが体温は通常（三七～三九度）より四～六度しか下がらないこと、冬眠中に出産・哺育を行うことで特異である。また、クマは冬眠中一切飲まず食わずで、エネルギーや水は脂肪の代謝によってまかなっている。冬眠中には膀胱に溜まった尿は排泄されず、膀胱上皮より再吸収される。脂肪の代謝産物に由来する炭素骨格と尿に由来するアンモニアからアミノ酸を作り、体のタンパク質の合成を行っていると推測

写真1-6　ニホンザルの母子（宮崎県幸島）

されている[25]。

出産と子育て

さて、次は哺乳類の一生での一大イベント、出産と子育てについてである。妊娠、出産、子育てには通常以上のエネルギーとタンパク質が必要であり、母体には大きな負担となっている。霊長類では妊娠後期に通常の維持エネルギーの一・三倍、授乳時に一・五倍程度のエネルギーが必要であると推測されている[26]（写真1－6）。

出産を春の到来に合わせている哺乳類が多いが、春は若葉という一年の中でももっとも高タンパクの食物が豊富にかつ安定して存在する時期なので、この時期に子育てができるようにしているわけである。ただし、ネズミ類など妊娠や子育ての期間が短い哺乳類ではこれに秋の出産が加わる場合がある。また、食虫性のコウモリ類は昆虫の多い夏に出産するものが多い。

妊娠期間は動物群によってほぼ決まっているので、交尾期は出産時期に合わせたいところだ。ニホンザルやニホンジカは妊娠期間が約六カ月と長く、ちょうど秋に交尾すれば春に出産できる。ところが、食肉類の場合は妊娠期間が二カ月程度と短いので、春に出産するためには冬に交尾をする必要がある。しかし、クマ、テン、クロテンには、冬に交尾期を設けることができない事情があるようだ。テンについてその事情は不明だが、クマにとっては食糧が充分にないきびしい冬に配偶者を求めてさまよったり、配偶者をめぐって闘争したりするのは生存にとって不利だと考えられる。そこで、彼らが採用したのが着床遅延である。これは、交尾後に受精卵の発達が止まるかゆっくりした発育になり、一定期間着床しないという現象である。

クマの場合は初夏が交尾期だが、その後着床遅延が五～六カ月あり、一一月か一二月ごろに母体の栄養状態が良好なら着床する。秋の実りがこの時期の母体の栄養状態を決めるので、クマは森林の状態に種族の行く末を完全にゆだねているといえる。そして約二カ月後の二月ごろ、まだ冬眠の最中に、未熟なアカンボウを出産することになる。冬眠中なので母グマは胎児を育てるために必要なタンパク質を外から摂取できない。そこで、小さく産むことにより母体からの胎児へのタンパク質の投資を最小限に抑えているのだと推測される。その代わり、生まれた新生児には秋に充分蓄え余裕のある脂肪を乳汁として与えて発育を助けている。

秋に交尾することがわかっているヒナコウモリ科やキクガシラコウモリ科の多くでは、交尾をしても精子は雌の生殖洞内に貯蔵されすぐには受精に至らない。この精子は未熟で春先までに受精能を持つように発達する。[27] 排卵も春先まで行われない。また、ユビナガコウモリでは着床遅延が起こっていることが知られている。[28] エゾシマリスでは春の雪解けに目覚めて平均三日後に交尾をし、三〇日間の妊娠期間後、若葉の豊富な六〇日間を子育てに費やす。[29]

年変動

森林の食糧事情がよくうかがえるのは秋の実りの年変動を通してである。全国的に問題になっている哺乳類による農林業被害であるが、一般に山の実りが良いときには被害が減少し、悪いときには被害が増加する傾向が知られてきた。

山の実りの豊凶でよく知られている例がブナ堅果のそれである。ブナの堅果は小さいが、タンパク質、脂質が豊富である一方、タンニンが少なく動物にとっては質の高い食物だと考えられる。しかし、その結実は凶作と並作以上を隔年で繰り返し、豊作は五〜七年間隔で訪れる。

このようなブナの豊凶に対応してツキノワグマの行動域は大きく変わる。たとえば、秋田県のツキノワグマのメスでは例年二〇〜四〇平方キロメートルであった行動域がブナの不作年には一〇〇平方キロメートルに広がった。[30] これは不作のブナ堅果を補うため代替の食物を求めて広く動きまわった結果だと考えられている。

さらに、東北各県（福島県を除く）のツキノワグマの駆除数の変動とブナの豊凶の変動の相関を調べた結果では、五つの山系で相関が認められ、二つの山系で相関が認められなかった。[31] 駆除は里に下りて来たツキノワグマが対象となるので、ブナ凶作の年には行動域を大きく広げ里に出てくる個体が多くなるのだと推測されている。ただし、ブナの堅果が熟す時期よりも駆除数がピークを迎える時期が早いので、ツキノワグマの駆除数（出没数）とブナの豊凶とに直接的な因果関係があるのかどうかは不明である。ブナの豊凶と相関する他の因子（他の食物など）との因果関係をさらに検討する必要がある。

また、北上高地においてツキノワグマの駆除数が多かった年と少なかった年の駆除個体の性・年齢構成を調べてみたところ、駆除数の多かった年はメスの駆除が多かった年、すなわちメスの出没が多かった年であった(6章参照)。メスグマが母親になれるかどうかは秋に栄養摂取が充分できるかどうかにかかっており、彼女たちの栄養要求はとくに高く、その行動は食糧事情の年変動の影響をオスよりも敏感に受けることが推測される[32]。

ツキノワグマのような大型の哺乳類ばかりではなく、秋の山の実りは小型哺乳類の繁殖にも直接影響している。日本海側の成熟ブナ林において、ブナ豊作年の翌春にアカネズミ個体群が急激に増加した。食物条件の好転により秋季の繁殖期が長引くとともに春季繁殖期が早期に開始し、両者の期間が重複した冬期繁殖が生じ個体群が急増した可能性と冬の間の生存率が上昇した可能性が推測されている[33]。

このように森林の食物資源量の年変動はそこに生活する哺乳類の個体群動態に大きな影響を与えているが、その影響は個体間や群れ間の社会関係が仲介することによって制御されていることが多いようだ。ニホンザルで、常緑広葉樹林に生息する屋久島西部海岸域の群れの七年間の観察と落葉広葉樹林に生息する宮城県金華山の群れの一一年間の観察をもとに、交尾期における果実の生産量の年変動と翌年の出生率の関係が検討された。どちらの地域でも果実の豊凶と翌年の出生率には有意な相関が認められたが、群れ間競争のきびしい屋久島において、群れ間関係において劣位である小さな群れに不作の影響が大きく出た[34]。また、ヤチネズミの個体群は食物資源の量など環境要因によって変動するが、なわばり行動が成熟メスの数を制限していることが明らかになっている[35]。

地域差

すでに述べたように地域によって植生（種組成、現存量）は異なり、哺乳類の食糧事情も異なる。降水量、日射量から日本の自然植生の純一次生産量が推定されているが、北海道の亜寒帯林では一年で一ヘクタール当たり八～一〇トン乾物、鹿児島県の暖温帯林では一年で一ヘクタール当たり六～一八トン乾物で、列島の南と北では二～三倍の違いにもなる。[36]

このように見積もられた植物生産量がまるまる野生哺乳類の食糧と見なせるわけではない。動物の種類によって好みの植物やその部位は異なるし、若い柔らかい葉っぱや果実といえどもセルロースやリグニンなどの難消化物質や毒や消化阻害物質として作用する二次代謝産物を含有しているのでそのうちの採食可能な部分や量はずっと少なくなる。

ニホンザルを対象にした研究でおおざっぱだが二つの地域の食物量を比較した研究がある。この研究では、植物をニホンザルの食物となる樹木に限って調べたので、ニホンザルの食物量の地域差の実態にいくらか近づいているだろう。このニホンザルの食物となる樹木の本数は屋久島西部海岸域の常緑広葉樹林では一ヘクタール当たり一八〇二本、冷温帯落葉広葉樹林でシカの採食圧により樹木の枯死、実生の死亡率の高い金華山島では一ヘクタール当たり九四本と大きな違いがあった。また、食物となる樹木の種数は屋久島が金華山の二倍、食物量を反映すると考えられる食物となる樹木の胸高基底断面積は屋久島が金華山の二・二倍になったという。また、実のなった一本の樹木など一塊の食物をパッチとよぶとすると、パッチの大きさは屋久島が金華山より小さく、またパッチ間距離が短いことが明らかになっている。[37]

1・5 森の住み心地

自然林に多い枯損木、樹洞木、倒木は様々な野生動物の採食場所や営巣場所になっている。生きた木の樹洞内の気温は厳寒でもほとんど〇度を割らないので[38]越冬場所としても好適である。コウモリの一部、ムササビ、モモンガなど樹洞に営巣する哺乳類は、樹洞ができるような大きな樹木、枯損木がなければ生息は困難である。これらの樹洞営巣性哺乳類のうち、もっとも種数が多いのはコウモリで、四科三四種のうち一七種が樹洞性である。[39]コウモリは単に既存の樹洞を利用するだけであるが、ムササビのように樹洞開口部をかじり広げることによってその自然閉鎖を積極的に防ぐものもいる。

ツキノワグマは越冬穴として土穴、岩穴、樹洞を使う。アメリカクロクマ *Ursus americanus* の例ではあるが、ミシシッピー川の沖積地では、森林伐採のため越冬に適当な樹洞を持つ木がなく土穴で越冬する個体がいる。そのような個体では春先の洪水により越冬がさまたげられたり、新生児が死亡する例が多いことが報告されている。[40]日本でもツキノワグマが越冬に利用できるような樹洞を持つ木が少なくなっているが、その影響について調べる必要がある。

倒木は小型哺乳類の移動の経路や隠れ家になるが、逆に、大型哺乳類の移動をさまたげる場合もある。また、枯損木、倒木、伐根にはカミキリムシ、アリなど節足動物が多く発生し、それらを食物とする哺乳類にとっては良い採食場所でもある。このような樹体は森林病害虫の発生源としてまた人が森林を管理するうえでの障害となるので、取り除かれることが多いが、生物多様性保全の観点からは保存することが必要な場合もある。
　森林の地面も住環境として重要である。樹冠で生産された物質の大部分をリターとして受けとめ、森の豊かさの根源となっているのが土壌である。なかでも落葉層は栄養循環の面だけではなく哺乳類の住環境としても重要である。ヒミズ、トガリネズミは地中で生活し、穴掘りに適した体の構造を持っているが、きゃしゃなのでモグラのように硬い土の穴掘りは得意ではない。彼らのトンネルは地表面の落葉層や柔らかな土壌の部分を中心に掘られている。彼らは、モグラが掘った穴も利用するが、落葉層の豊富な森林でないと生活できない。
　野ネズミにとって林床をおおう草本層は生息にとって重要であり、ササなどの植被率の高いところの利用が高まることが知られている。落葉層の厚さに関しては「這い歩き型」のエゾヤチネズミにとっては厚いほうが良く、「跳ね歩き型」のヒメネズミにとっては薄いほうが適しているという指摘もある。[41]
　一般に、スギ、ヒノキをはじめとする針葉樹人工林は哺乳類の好適な場所ではないとされるが、これは林内が暗いため生物相が貧弱で哺乳類の食物となるものが少ないためである。しかし、このような林でも風雪を避ける場所となる。ニホンザルの分布域は広葉樹林の分布と一般に関係していることが知られているが、[42]これはニホンザルにとって針葉樹林がまったく価値のないことを意味しているわけではない。広葉樹林の中に適度に散在するスギやヒバの林をニホンザルは泊まり場としてよく利用する。[43]また、北海道のニホンジカの越冬地においてもエゾトドマツ林が雪や寒さをしのぐための退避場として重要であることが知られている。[21]

さらに、宮城県金華山島のニホンジカではシバ群落、アズマネザサ群落、ススキ群落など草地的な環境の利用が高かったが、冬には寒さを避けるため森林群落の利用が高くなる傾向があった[44]。このニホンジカのように逃避場である森林と食物となる植物が多い草地が入り混じった景観を好む哺乳類もいる。

1・6　森の広がりと生息地条件

行動域面積を決めるもの

これまで野生哺乳類が生活を完結するために必要な森林の質について述べてきたが、次いで、そのような質の森林がどれほど確保されるべきかという量の問題、すなわち行動域の面積について考えてみよう。個体単位で考えれば、大型の哺乳類ほど、たくさんの食物を必要とするだろうから広い行動域を持つのは当然のように思える。が、果たしてそうであろうか。実際には、食物の種類とその分布、動物の移動・採食の能力、隠れ場所の分布、また社会関係も行動域面積に関係している。

基礎代謝量M（一日当たりに安静状態下で消費するエネルギー：キロカロリー／日）と体重W（キログラム）には、次の関係が成り立ちクレーバの法則として知られている[45]。

$$M = 70W^{3/4}$$

この式は、次のように変形できるが、大型になればなるほど、体重当たりの基礎代謝量が減ること、つまり体重当たり必要なエネルギー量が減ることを意味している。

$$M / W = 70W^{-1/4}$$

マクナブさんは、このクレーバの法則に基づいて、哺乳類がそれぞれの種の基礎代謝量に見合うようにエネルギーを確保するなら、また、そのエネルギーのもとである食物資源量が土地の面積と比例するとすれば、行動域面積と体重にはなんらかの関係が認められるだろうと考えた[46]。そして、三六種類の哺乳類の研究に基づいて、体重W（キログラム）と行動域面積R（エーカー）の間に次のような関係式が成り立つことを示した。

$$R = 6.76W^{0.63}$$

さらに、食性によってデータを分けてこの関係を検討したところ、動物や果実などパッチ上に存在し、探しあてることが必要な食物を食べる「ハンター」では、次のようになった。

$$R = 12.6W^{0.71}$$

また、草や木の葉など比較的連続して存在し、探すのが簡単な食物を食べる「クロッパー」では、次のようになった。

$$R = 3.02W^{0.69}$$

つまり、体重当たりの行動域面積はハンターが、クロッパーよりも大きくなるということだ。

さらにその後、別の研究者は哺乳類を三つの栄養段階、草食性、肉食性、雑食性に分けるとその相関がさらに明確になることを示した。[47]

草食の場合　$R\ (ha) = 0.002W^{1.02}$

雑食の場合　$R\ (ha) = 0.059W^{0.92}$

肉食の場合　$R\ (ha) = 0.11W^{1.36}$

同じ体重の哺乳類を比較すると肉食のほうが、植物食よりもはるかに大きな行動域を持つことになるが、栄養段階が上がればエネルギー変換効率が悪くなる、すなわち一次生産量より二次生産量が減ることからこの結果は納得がいく。また、降水量や緯度という土地の生産力の指標と行動域の面積との間にも相関があることも示されている。

森林の質も行動域面積と関係している。また、集団を作る哺乳類であれば、集団のサイズが大きくなればなるほど必要な行動域面積も大きくなると考えられる。ニホンザルでは、行動域面積R、群れサイズN、生息環境の質Qの三者の関係には次の式がよく当てはまると主張されている。[48]

$QR = \alpha N$　（αは定数）

この式は一定環境（Q一定）下での、RとNの関係を記述するものであるとともに、Qが変動した場合のRとNの挙動を予測するものでもある。たとえば、生息環境の悪化によって（Qが小さくなる

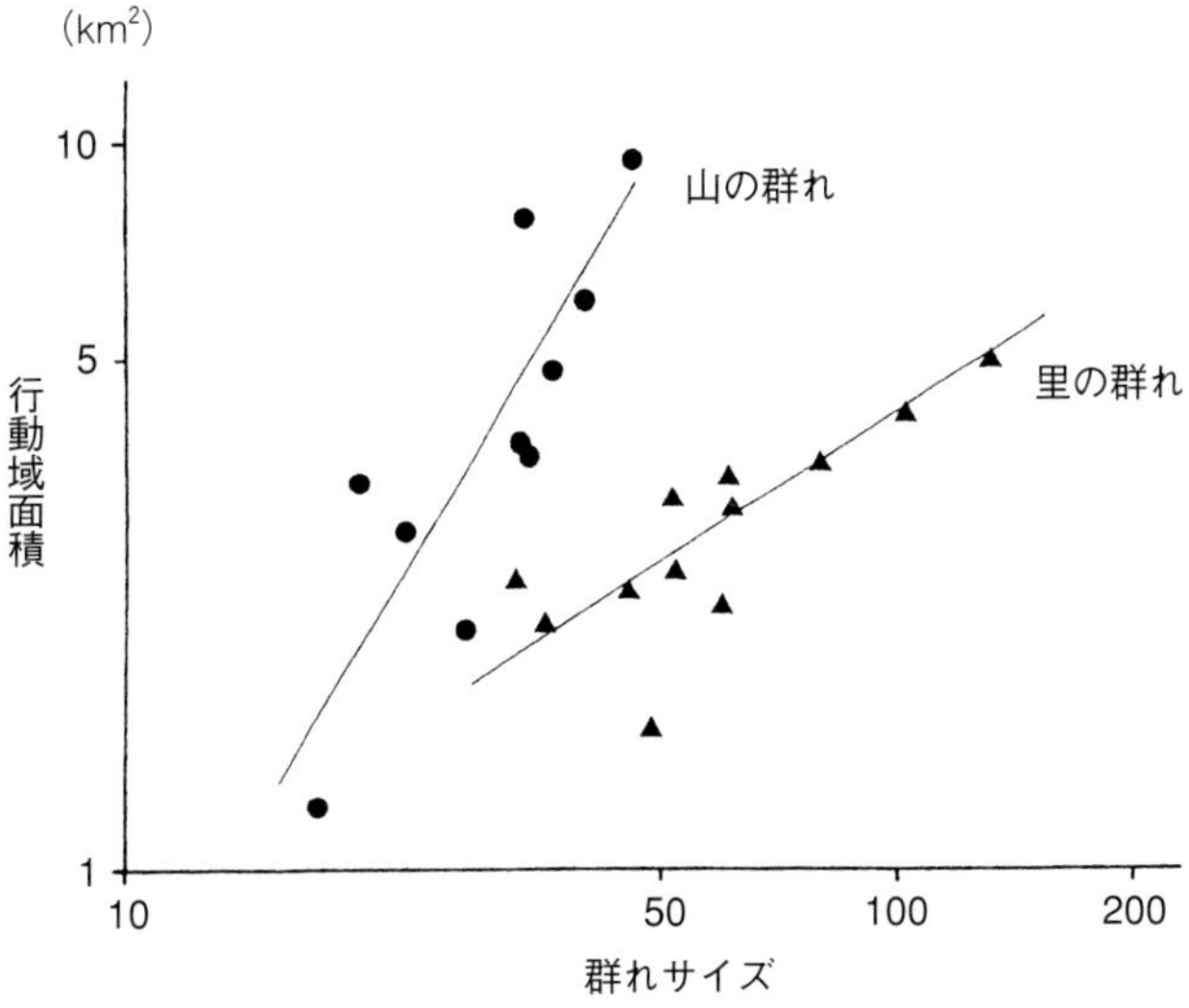

図1-7　北アルプスにおけるニホンザルの群れサイズと行動域面積の関係（Izumiyama *et al.*, 2003）[49]

ことによって）、サルの行動域が拡大すること、あるいは群れサイズが縮小することも意味する。

泉山茂之さんらは、中部山岳地帯のニホンザルの群れ二二群のデータを用いてこのモデルを検証した。[49] データは、比較的低標高に行動域を持ち農耕地もその一部としている群れ（里の群れ）と、比較的高標高で農耕地が含まれない行動域を持つ群れ（山の群れ）に分けてモデルに当てはめられ、いい相関が得られることが確かめられた（図1－7）。

図1－7からわかるように、里の群れのほうが山の群れより直線の傾きがゆるやかで、一頭当たりの行動域面積が小さい。里の群れでは農耕地やその周辺の二次植生で質の良い食物を得られるが、山の群れの行動域は落葉広葉樹林が主要な植生であり、この違いが、一頭当たりの行動域面積の違いを生じた

と考えられている。

社会関係や種間関係も行動域面積に影響を与える。単独性の食肉類の行動域面積を検討したところ、オスの行動域面積は、メスに比した場合、体の大きさから期待されるより二倍程度大きくなった。[50] これはメスの行動域が食物資源で決まっているのに対し、オスの行動域はメスを求める繁殖行動とも関係しているからだと考えられている。このようにオスの行動域面積はメスよりも広いのが通例であるが、オスが比較的狭いなわばりを利用し、メスはそれと無関係に広い範囲を行動域として利用することもある。また、捕食者の存在が行動域面積を減少させる場合もある。[51]

種内の様々な個体差、また、分析において同じ質の土地としてひっくくられてしまっている行動域内の植生などの実際の違い、個体間や集団間の社会関係の違いを考えると、哺乳類一般やニホンザルで提案されているような単純なモデルで多様な因子が関わっているはずの行動域面積が説明できることは大変不思議なことだ。これらのモデルが妥当なデータできちんと証明できているとするなら、そのモデルに要約される多様な現象の生物学的な本質（別なことばでいえば、一般化できること）がいったい何なのか、さらに究明すべき課題となる。それについてのマクナブさんらの研究の解答の一つは、体重と代謝量の関係にあった。

ニホンザルについてのモデルは、これからその回答に挑まなければならない。たとえば、泉山さんらの研究では、「山の群れ」と「里の群れ」はそれぞれ同じ生息環境の質Qを持つカテゴリーと考えられ、それぞれでRとNの関係を調べると、うまい具合に相関を示した。しかし、Qが同じとされた群れの行動域においても、実際の植生は群れごとに様々だろう。この多様な植生のどの要素が、鍵になって必要な行動域面積が決まり、群れのサイズと相関するという結果となったのか、生息地管理の問題とも関係する大変興味深い研究課題が浮かび上がってくる。

森林の広がりと種の多様性

森林の面積と連続性は、哺乳類の生息状況に大きな影響を与える。とくに地上あるいは樹上を移動分散する哺乳類には、天敵を避け、休息をとりながら安全に移動できるように森林が連続していることが大切である。ところが、日本の森林は農耕地、市街地、大河川、道路など交通網で分断されており、地上性哺乳類にとって移動の障害が多い状態になっていると考えられる。日本の森林は、互いが水面により隔絶された島々の様相を呈しているのだ。

このような島状になった森林の生物多様性を説明するには、島の生物地理学で展開されている理論が役に立つ。まず、森林の面積と種数の関係だが、島の生物地理学では、島の面積（A）と種数（S）の間には、一般に次のような関係式が成り立つことが知られている。森林の面積と哺乳類の種数の関係もこの式で近似される。

$$S = CA^z \quad \text{あるいは} \quad \log S = \log C + z \log A$$

Cとzは定数であり、扱う分類群と、扱う地理的な単位によって異なる。たとえば、zの値が大きくなると面積の減少にともない種数が急速に減少するが、鳥類より移動能力が劣る陸生哺乳類で大きくなる。また、zの値は、問題にしている地理的な単位が、大陸内でのパッチか、島か、大陸かによっても異なる。

この式で示されるまでもなく森林面積が大きくなれば、そこに生息する種数は多くなると考えられる。その理由は二つある。第一に、森林面積が大きければその中の食物量は単純に多くなるとともに、異なる生息地要求を持つ動物を養いうる環境の種類（ニッチの数）も多くなるはずであるからだ。したがって、個々の動物の個体数（ニッチの大きさに比例）とともに種数も多くなるはずである。動物の個体数が多くなればそれが絶滅する確率（そこにいない確率）も減るだろう。二つ目の理由として低い密度でしか生息しえない種が生息できるようになるからである。たとえば、一平方キロメートルの森林には野ネズミなら生息しうるが、ツキノワグマが生息する確率はゼロである。

森林に生息する哺乳類の種数にはその面積ばかりではなく、森林どうしの距離も関係するだろう。種数平衡理論[52]では、島においては大陸からの移住と絶滅がつり合う平衡状態で種数が決まるとされる。つまり、大きな島では最初移住率が高く、だんだんそれが減少するが、絶滅率が低いため、種数の多い状態で平衡状態に達する。また、大陸から遠い島では近い島より移住率が低いため、種数の平衡状態は大陸から近い島より少ない種数で平衡状態になる（図1-8）。

日本列島の各島における島の面積と生息する陸棲哺乳類（コウモリを除く）の種数の関係を調べた結果でも、島の面積が大きくなれば生息種数が多くなるという明瞭な傾向が認められている[53]（図1-9）。また、大型種、高次の捕食者であるため広い行動域を必要とする種、発達した樹林に生息し、移住の経路や生存の条件を制限されている種（ニホンリス、ムササビなど）が島では欠落する傾向も指摘されている。さらに、アカネズミは面積一〇平方キロメートル以上の島に生息できるが、ヒメネズミは一五〇平方キロメートル以上の島にしか生息できない傾向にあることも指摘されている。[54]

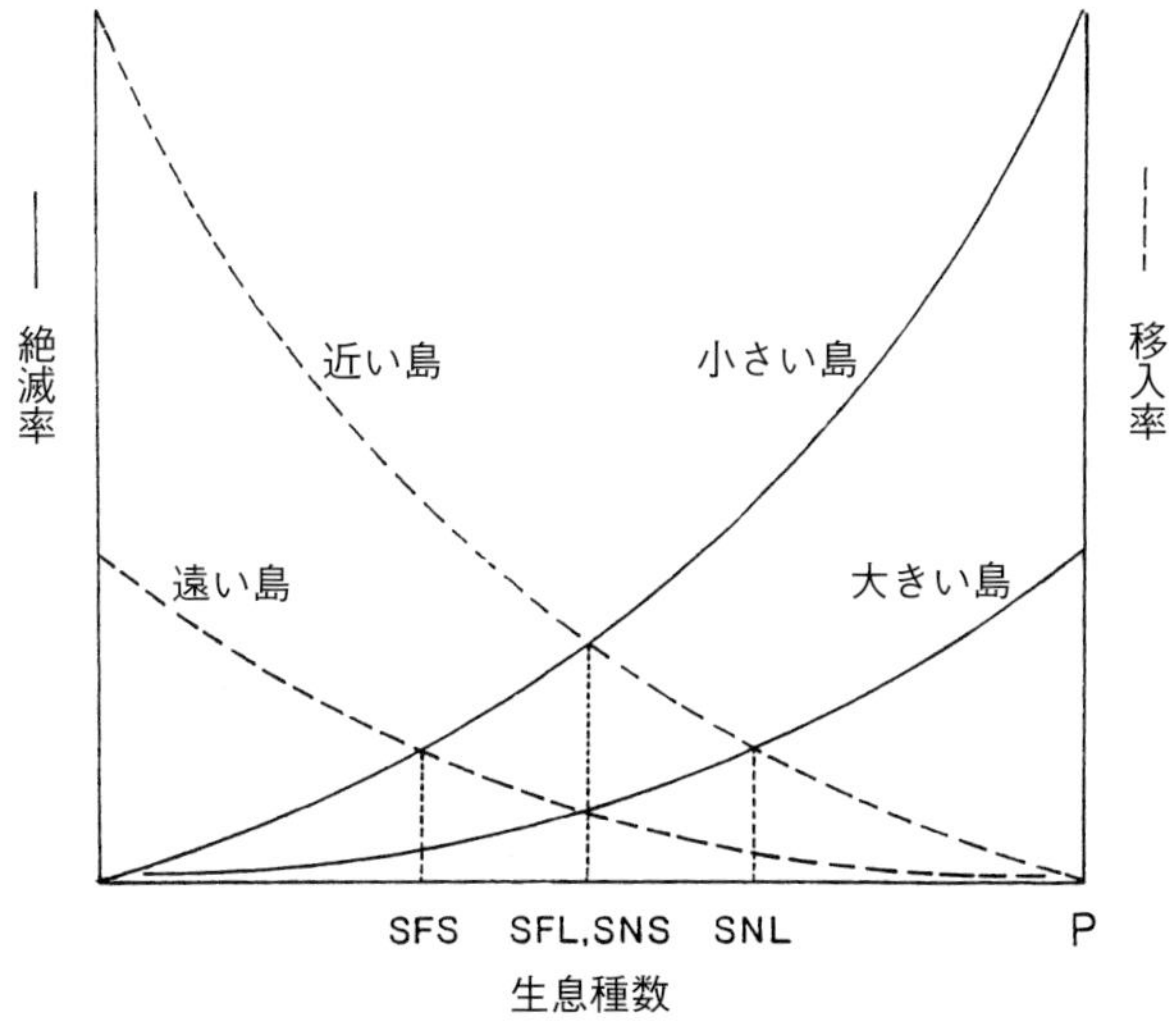

図1-8　島に生息する生物の種数と島の面積および大陸からの距離との関係。SFS：大陸から遠く小さな島の種数、SFL：大陸から遠く大きな島の種数、SNS：大陸から近い小さな島の種数、SNL：大陸から近い大きな島の種数、P：大陸から島に渡ることが可能なすべての種の数(MacArthur & Wilson, 1967 に基づく)[52]。

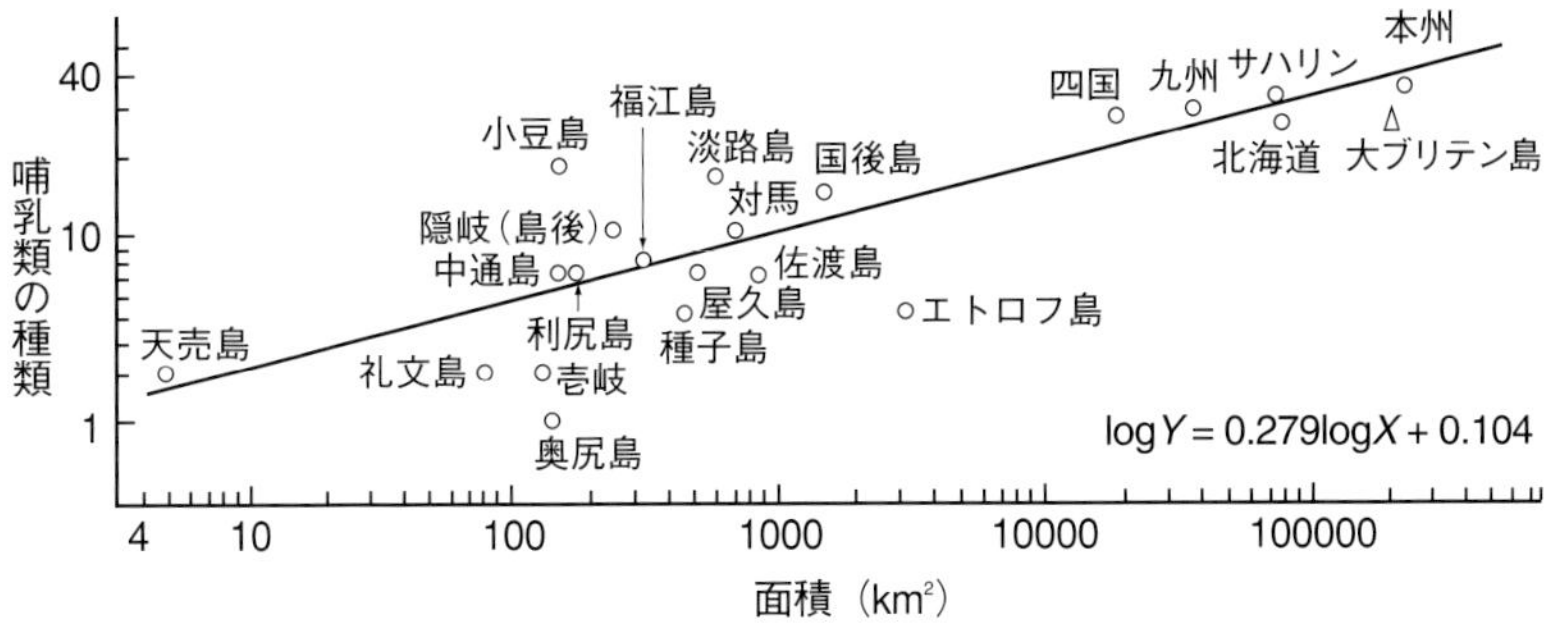

図1-9　日本列島と近隣島嶼および大ブリテン島の面積に対する哺乳類の種数(Kaneko, 1985を改変)[53]

森林の場合には、地上性哺乳類の移動が水域によってほとんど遮断される「本当の島」とは状況が若干異なる。障害物の効果が完全ではない、また、障害が人工物の場合には、隔離の時間が比較的短く、森林が連続していた時の効果がまだ残っているなど島の理論がそのまま適用できない場合があるということだ。

四国において四国山地と連続する森林を半島（「枝」）、平野部の丘陵地に孤立した森林を「浮島」と見たてて、ネズミ類の分布が検討された[54]。四国にはアカネズミ、ヒメネズミ、カヤネズミ、ヒメネズミが生息する。調査ではアカネズミは「枝」、「浮島」、平野部のすべてで採集されたのに対して、スミスネズミは「枝」のみで、ヒメネズミは「枝」と「枝」に近接した一部の「浮島」で採取された。アカネズミは草原的景観から森林にも生息する適応力の旺盛な種であり平野部が移動の障壁になっていないが、スミスネズミとヒメネズミは生息地要求がより森林的環境に制限されているうえに、アカネズミより移動能力が低いことがこのような分布を決める要因になっていると推測されている。

ところで、「本当の島」には固有種が多いが、それは次のような理由からだ。島への生物の伝播においては、たまたま島に定着した個体群は大陸の母集団との間で遺伝的な交流が途絶えてしまうことがある。島に定着した集団が小さければ、頻度の低い遺伝子がその集団全体に広まる確率が高いので、島の集団の遺伝的組成は大陸の祖先種と変わってしまう傾向があるのだ。また、大陸で絶滅した種が偶然島で生き残るという場合もある。別の理由として、次のようなこともある。島では大陸にいる多くの種が欠けているために、それが本来占めるべきニッチが空いている場合が多く、定着した種が本来のニッチの枠を越えて空いたニッチを利用する場合である。この場合にも隔離と新しい環境への適応によって新種に分化するものが現れる。

もちろん森林の面積と分布は、感染症の蔓延のしやすさや森林火災の延焼のしやすさなどとも関係し、そのような要因も種の多様性に関わっているだろう。森林の分断化については、6章でも扱う。

1・7 森の感覚世界

森林環境と哺乳類の感覚

哺乳類は、環境からの刺激や他個体から様々な情報を含んだ信号を受容し、それを神経系で処理、解釈することによって自らの生理状態や行動を状況に合うように調整している。また、同種他個体、時には異種他個体と信号のやりとりを積極的に行うことにより（コミュニケーション）、情報量を倍加し、より適切に生理や行動を調整したり、社会的な紐帯を強めたりしている。このような刺激や信号の受容は視覚・聴覚・嗅覚・触覚によるが、刺激、信号の媒体によってその伝播の障害要因は異なる。哺乳類の用いる信号の特徴や、刺激・信号の受容の方法はそれを克服できるよう適応していると考えられる。

哺乳類は、脊椎動物の中では嗅覚と聴覚がもっとも発達している。嗅覚の発達はおそらく祖先が夜行性であったためと考えられるが、見通しの悪い森林環境においても役立っている。嗅覚の発達は、臭腺とそこから発する匂いによるコミュニケーションの発達をともなった。匂いにより、配偶者を魅了したり、同性に対してなわばりを主張したりしているのだ。

皮脂腺と汗腺のうちでアポクリン腺が臭腺としての機能を持っているが、その多くは、毛嚢に開口

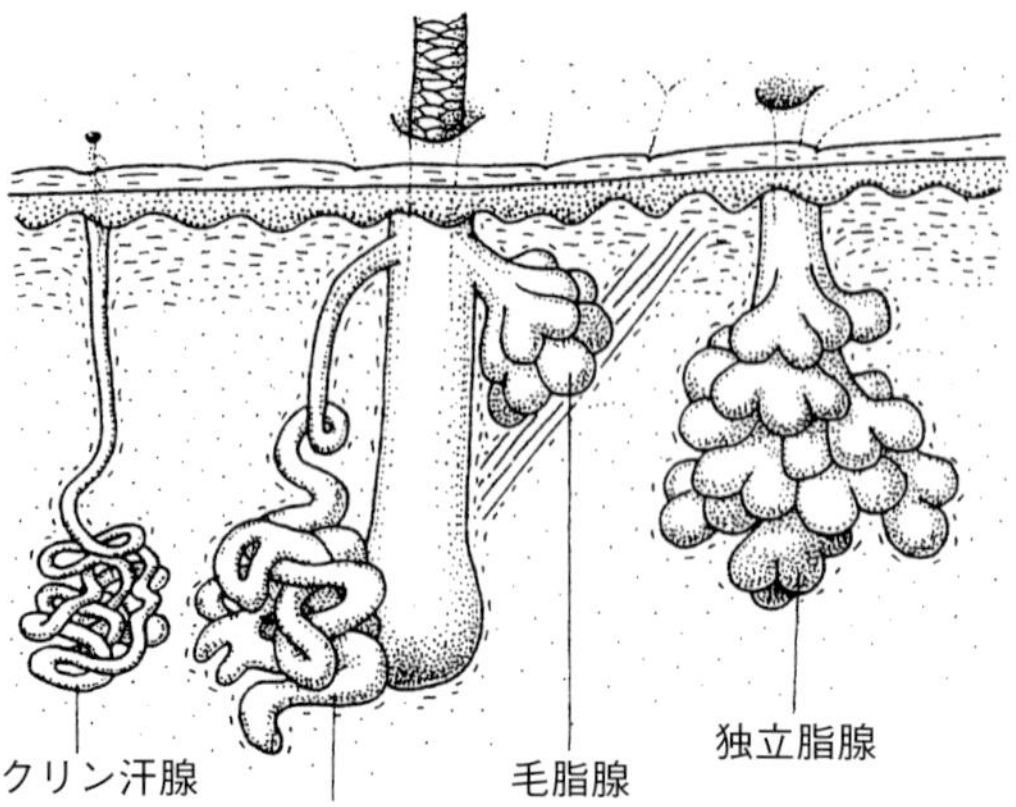

図1-10　各種の脂腺（伊藤、1987）[55]。汗腺には毛の根元に開口するアポクリン汗腺と毛と無関係に開口するエクリン汗腺とがある。前者からはタンパク質性の汗が分泌、後者からは水溶性の汗が分泌する。独立脂腺からは皮脂が分泌される。伊藤隆『組織学』南山堂、1987より。

している（図1－10）。開口部に生えている毛は他の体毛と比べて扁平で、中央に溝状の構造が見られるなど匂い物質を保持しやすくなっている。

匂いによるコミュニケーションは、フェロモンとよばれる化学物質の拡散に頼るので、方向性はなく、届く範囲も限られている。また、匂いが運べる情報は、せいぜい同種か異種か、メスかオスか、発情しているか、いないかくらいで、多くは伝えることができない。さらに、気象条件によって効果が変化するなど欠点もあるが、ある期間信号を持続させておけるという利点がある。

聴覚については脊椎動物の中で哺乳類だけが耳介と長い外耳孔を持っている。また、爬虫類段階では顎関節として機能していたキヌタ骨、ツチ骨はアブミ骨とともに中耳に配置され、空気振動を効率良く拾い、さらにそれを増幅させる装置として発達した。

森林環境でそのような器官がさらにどのような適

写真1-7　アナグマは視力が良くないので足元までよってくる（岩手県五葉山）

応をとげているかは不勉強でわからないが、森林性哺乳類の音声の物理特性は森林環境に適応していることがよく知られている（「音声コミュニケーションの適応」の項参照）。

次いで、視覚的刺激や信号についてであるが、森林内では樹木の幹、枝、葉などがその伝達をさまたげるので、距離があると有効ではなく、森林性の哺乳類の視覚はそれほど発達していない（写真1－7）。動くものに対しては敏感であるが、種類の識別、体表現、表情の認識はごく至近距離でのみ行われているようだ。

ところで、私たち人間は、対象物までの距離をおおよそ把握できる。これは顔が平たく両眼が前面にあり、両眼で立体的にものを見ることができることと関連した能力だ。樹上傾向が強く、樹幹や枝など立体的な環境での移動が必要なニホンザル、ムササビ、モモンガ、ニホンリスは、顔の形態がヒトのように平板で立体視ができ、また、視力にすぐれている。ヤマネコなど肉食性哺乳類も正確に獲物を捕らえるため、同様の目の構造と能力を持っている。しかし、その他の哺乳類は一般に吻部が突出しているので、両方の目で同時に一つのものを見るのは困難でこの能力が低い。一方、被食者となる植食性哺乳類では、広い範囲の視野が得られるように眼は顔の側方に向いてついている。

色の識別能力についてはどうであろう。ニホンザルではヒトと同じくらいの能力を持っているが、夜行性が起源である哺乳類は、一般に赤や緑など一部の色の識別ができないなど色の識別能力は劣っている。また、多くの哺乳類では、網膜の構造物としてタペータム tapetum lucidum が発達している。自動車のヘッドライトに哺乳類の目が光るのはこれに光が反射してのことだが、この反射板は眼に入った光を網膜の視物質に有効に吸収させ、視感度を上昇させるために役立っていると考えられている。

メンタル・マップ

このように哺乳類は種によって、独特の感覚世界を持っている。私たち人間も、自分たち特有の感覚を持っているので、ついついそれに頼って彼らの世界を見てしまう。もし、あなたが研究者なら、物理量として形態や行動を計測、計量することによって、自分の感覚を離れ客観性を確保しているとおっしゃるかもしれない。また、哺乳類がそのつど行っている認識や判断とは無関係だが、生物現象として本質的で客観的に計測的できるものを研究の材料としているとおっしゃるかもしれない。しかし、そこで計測、計量の対象として選択されるものには、きっといくらか人間の感覚世界で養われた価値観が入り込んでいるだろう。私たちが彼らのことについてわかったと考えていることで、当たっていることも多いだろうが、表面的に説明ができているだけの

か。

大きな誤解もあるのではないだろうか。野生動物の行動の理解には、まず、彼らの感覚世界を知ることが大事だと思われるが、この分野の研究はまだ充分ではない。

ともかく、動物たちが実際、生活の場を実際どのように認識しているのか、大変興味深い問題だ。クマやニホンザルが森林中の行動域をどのように認識しているかという観点からの行動域解析、つまり、クマやニホンザルのメンタル・マップ（認識地図）[56,57]を明らかにしようとする人は出てこないものか。

音声コミュニケーションの適応

音による信号は視覚的信号よりも見通しの悪い森林では有利だと考えられる。また、音声は波長、位相、強度、長さを変え、それらを組み合わせることにより無限の情報を載せられるのでもっとも複雑な情報を伝達できる媒体だと考えられる。しかし、森林では、樹木の幹、枝、葉などが伝播障害となるので、音声の物理特性はそれを克服するための特徴を持っていると考えられている。

音声の伝播特性がもっともよく研究されているものの一つが鳥であるが、同種であっても森林に生息する個体のほうが開けた土地に生息するものより低い周波数の音声を発することが知られている。また、広葉樹が優先する森林に生息する個体が針葉樹に生息する個体よりも高い周波数の音声を発することが明らかになっている[58]。これは周波数の高い音声ほど物理的な障害物の影響を受けて減衰しやすいことと関係していると考えられる。

日本の森林に生息する哺乳類で音声を多用しているものにはコウモリとニホンザルなどがあげられるだろう。ここでは、両種の音声を例にコミュニケーション手段の森林環境への適応について詳しく

写真1-8　コキクガシラコウモリの塒（鹿児島県屋久島）

見てみよう。

コウモリは、夜行性で物の探索やコミュニケーションをほとんど音声に頼っている（写真1－8）。とくに、自分の発した音声パルスの跳ね返り（エコー）を聴くことによって食物や障害物を探知するエコーロケーション（反響定位）を行うことで有名である。

このコウモリの出す音声は、普通、一つの音の発生の間に周波数が下降する特徴を持つ周波数変調型（FM型）と周波数が一定の周波数定常型（CF型）があり、ほとんどの種はこれらを組み合わせて使っていると考えられている。

FM型は多くの周波数帯を含んでいるため、なんらかの障害によって特定の周波数のエコーが欠けても別の周波数で必要な情報が補われる。よって、森林中など音響障害の多い環境では、CF型より有用だと考えられている。一方、音声パルスを遠くに飛ばすには、エネルギーを複数の周波数に分散させるFM型よりも、ある周波数に集中させるCF型が有利である。

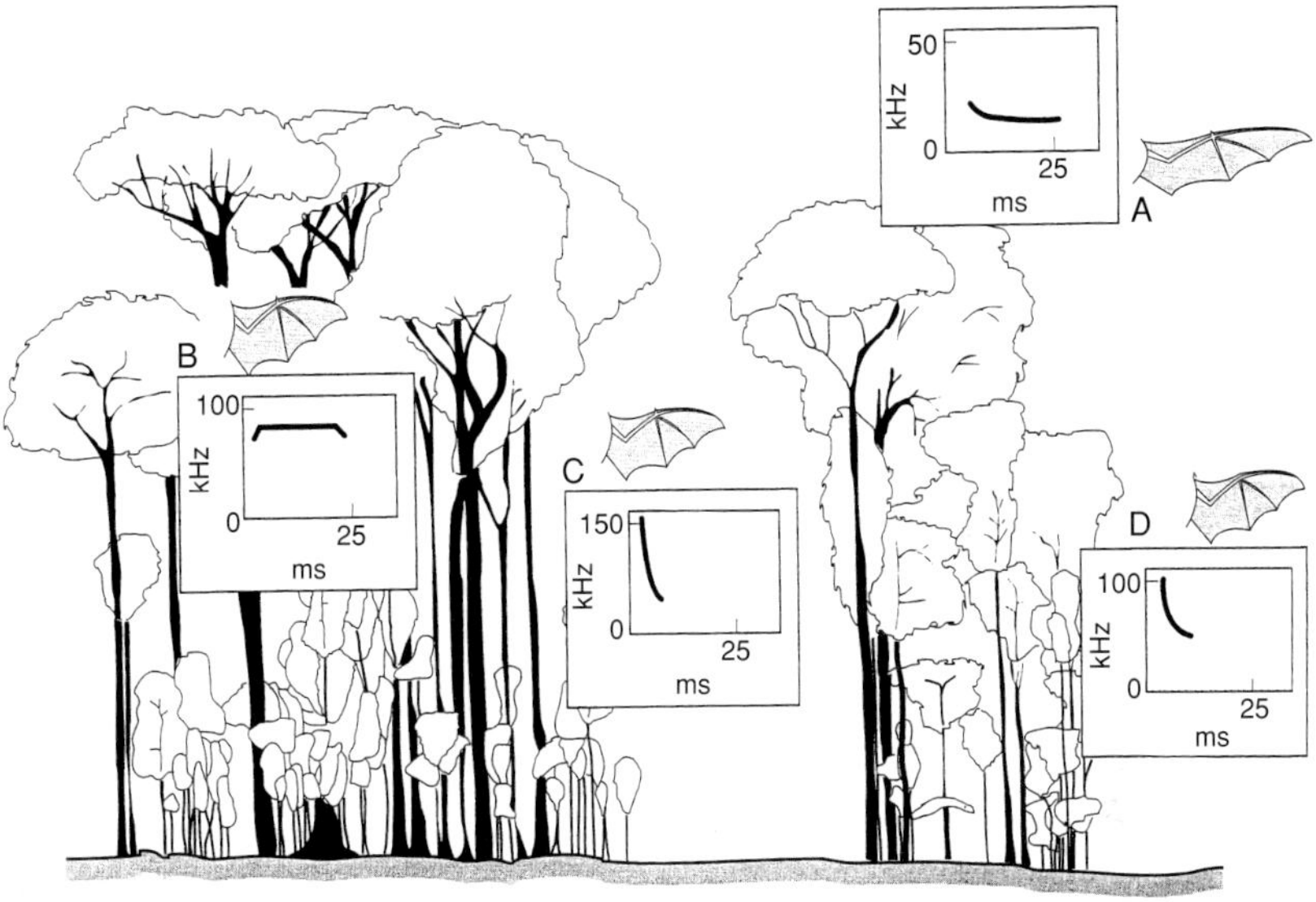

図1-11　コウモリの採食場所の違いによる翼形と使用音波特性の違い（Vaughan *et al*., 2000）[59]。A（樹冠上での採食）：高いアスペクト比の翼で高速で飛び、低い周波数のFM波を出す。B・C（林内での採食）：翼は低いアスペクト比で機動性が高い。CF波を長く出すか、比較的高い周波数のFM波を出す。D（林縁での採食）：長く丸みをおびた翼を持ち、中程度の高さの周波数のFM波を出す。

森林外の音響伝達特性の単純な空間では、CF型を使えば、遠くにいる獲物の探索に有利であるとも考えられる。

外国での研究例だが、コウモリでは、種による食物の探索場所の違いによってよく利用する音声パルスの特性が実際に異なることが知られている（図1－11）。コウモリは、森林での採食場所を考えると、樹冠の上を飛翔、採食するもの、森林中で植生の密な場所を飛翔、採食するもの、林縁を飛翔・採食するものに分けられる。翼の形状も利用する場所に対応して変化するが、樹冠の上を飛翔するものはエネルギーの減衰が少なく長距離の探索に適した周波数の低いＦＭ型の音声を長く強く出す傾向にある。森林中を飛翔するものは、広域の周波数帯を占め、急速に変化するFM型の比較的弱い音声を短く出す傾向がある。この音声特性は、近くの障害物や獲物についての情報を正確に把握するためのものだと考えられている。弱い音声は、よけいなエコーの跳ね返りが少ないので込み入った植生では有利だと考えられる。また、同じ森林中を飛翔するものでも、果実や花蜜を採食するコウモリでは、あまり特殊化した音声は持たないと考えられている。さらに、河川沿いなど林縁で飛翔するものは、中距離での探索に有利な中程度の高さの周波数で急激に変化するFM型の音声を発する傾向があることが指摘されている。[59]

さて、ニホンザルであるが、伊谷純一郎さんはニホンザルの音声を三七種に聞きなし、発生時の状況に応じて6群に分けた。それぞれの音声は異なる機能を持っていると考えられるが、私たちはニホンザルの典型的な生息地の一つである屋久島の常緑広葉樹林内でそれぞれの音声を人が聞いた場合の到達可能距離と音源の方向の推定の精度を実測した。[60] その結果、ラウド・コール(「ウィヤー」「ワー」など群れから迷子になった個体がよく出す大声)ともっとも遠くに届き(それぞれ最高到達距離五八〇メートル、四二〇メートル)、警戒音(最高到達距離三九〇メートル)と攻撃的音声(最高距離二〇〇メートル)が続いた。その他の音声は一〇〇メートル未満しか届かないことが明らかになった(図1-12)。また、音源の方向推定については、警戒音を手がかりにした時のみ、不正確になる傾向があった。これは仲間には外敵の危険を確実に知らせるが、外敵には自分の位置を把握させないという警戒音の機能と関係していると考えられた(図1-13)。

もっとも遠くへ届き、かつ音源の方向推定の精度も高いラウド・コールは偶然群れから離れてしまった個体が発することが多いが、それに対し群れ個体はほとんど必ず応答する。さらに、ラウド・コ

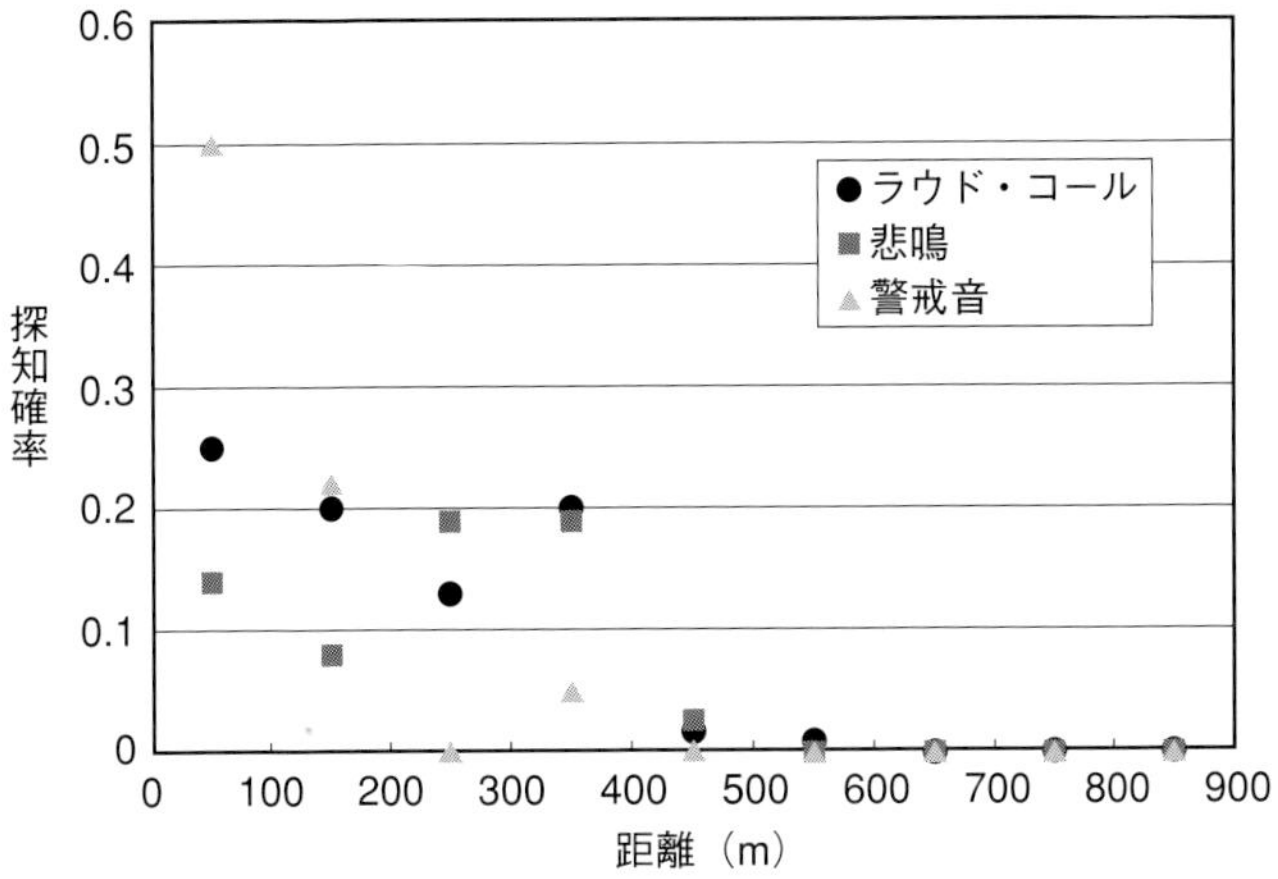

図1-12　ニホンザルの代表的音声 3 種の音源—観測者間の距離と観測者が音声を聞きとる確率の関係（大井ほか、2003 をもとに作図）[60]

図1-13　ニホンザルの警戒音には、仲間には危険を知らせ、外敵には発声者の位置を把握させないという音響特性がありそうだ

ールを発した個体は、その音声の方向を聞き定め、その方向へ急ぐ様子が観察できる。このような状況証拠によりラウド・コールは情報の遠距離伝達を機能として持った音声であると推測されている。

ところで、野生動物の発する音声には、生息地において音響障害や環境雑音の影響を受けにくい特定の周波数帯、すなわち「周波数の窓」とよばれている周波数帯を占めるものと、音の減衰がしにくい周波数の低い帯域を占めるものがあることが指摘されている。また、音源の方向の特定がしやすい音声の特徴として一声の間に音の調子が大きく変わること（周波数変調幅が大きい）、一声の発声時間が長いことがあげられている。ニホンザルのラウド・コールが周波数の窓を占めているかどうかについては検証されていないが、発声時間が比較的長く、周波数変調幅が大きいという特徴は確認されている。

また、ニホンザルのクー・コール（三〇メートル以内の近距離での鳴き交わしに用いられる「クゥクゥ」という音声）は、周波数の窓を利用して伝播されている可能性が示されている。[61]

森林環境と社会

哺乳類の社会には単独性のものと集団を作るものがあり、集団を作るものはその構造が様々であることが知られている。森林という生活環境は、このような哺乳類の社会性についても影響を与えている。

一般に単独生活者は森林性のものに多く、後者は草原など開放的な環境に生息するものに多い。[62] 植食性哺乳類にとって、森林中の食物は主に若葉や果実など小さなパッチ状に分布するものが多いので、同じ採食場所を多数の個体が使うと、あっという間に資源は枯渇してしまう。それで、森林性の哺乳類は、単独あるいはペア型の社会を持ち、場所に対する執着性が高くかつ排他的であり、なわばりを持つ傾向にあると考えられている。また、森林内は立体的であり隠れ場所が多く、潜み隠れるという行動をとれば、単独であっても捕食者からの危険性は少ないので、個体がばらばらに生活することが生存のためにもっとも有効な方法である。

一方、草原は比較的すぐに再生する草が豊富にあり、選り好みしなければ多数の個体が同じ場所で採食することができる。そのために大群が同時に行動をすることが可能となる。外敵から隠れる場所が少なく、食物をめぐる競争も少ないので集団での防衛行動が有効である。

日本の森林性哺乳類のほとんどは単独性かペア型の社会を持っている。集団を作るのはニホンジカ、イノシシ、ニホンザル、コウモリくらいであり、安定した集団サイズもニホンザルとコウモリを除くと小さい。この理由の一つは日本の多くの哺乳類では、食物がパッチ状に分布する森林の地上部の生活に適応しているからだと考えられる。

ニホンジカの集団は時として一〇〇頭を超えるが、安定しているのは母娘の関係である（写真1-9）。この種の集団サイズは、季節や場所の食物条件や積雪条件に応じて大きな集団から小さな集団まで流動的なことが知られている。たとえば、追い立てられると群れサイズは大きくなるし、[63] 金華山では森林にいるときよりも草地でのほうが大きい集団サイズになることが知られている。[64]

ニホンザルは日本の森林性哺乳類の中でも異例で安定で大きな集団を持つ。非餌付け群でも大きなもので一〇〇頭程度の群れを作るが、[65] ニホンザルの利用する樹冠部の食物パッチが、地上部のものよりも大きい可能性があること、あるいは、系統的につちかわれてきた知能に支えられた高度な社会性が関係していると思われる（写真1-10）。しかし、ニホンザルが特別大きく安定した集団サイズを

写真1-9　ニホンジカの群れ（岩手県五葉山）

写真1-10　ニホンザルの群れの一部（鹿児島県屋久島）

持つことなど日本の森林に生息する動物の諸特徴は、必ずしも現在の森林環境への適応と結びつける必要はない。異なる進化の過程をたどり、それぞれ独自に形成された特徴を持った種が、現在、森林に一緒に棲んでいるという例もあることにも注意しなければならない。

哺乳類の特徴

哺乳類がそれ以外の動物と区別される重要な特徴は、胎生であり、授乳によって子を育てることである。それはつまり、少産ではあるが幼若個体を厳重に保護するとともに、長命な傾向を持つという生活史を持つようになったことを意味する。内温性、知能と感覚器官の向上、食物の摂取、消化効率の向上なども、この生活史と関係した哺乳類の身体能力の特徴としてあげていいだろう。

(1)内温性

内温性とは自ら生産した熱エネルギーをもとに自立的な体温調整が可能な生理特性をいう。限界はあるが、外温性の爬虫類なら活動を停止する寒冷な気候下など様々な環境条件での活動が可能である。

この内温性を保つための哺乳類の代謝能力を実測したある研究者は、爬虫類が一五〇〇ccのエンジンを持つ小型車なら哺乳類は六〇〇〇ccのムスタングであり、このムスタング（哺乳類）はアイドリングに爬虫類の七、八倍の燃料を消費していると喩えた[66]。

そのための体の仕組みとして、まず血液循環であるが、爬虫類の心臓は左右の心室の隔壁が不完全で動脈血と静脈血が一部混ざることがあったが、哺乳類では二心房二心室が完成し血液の体循環と肺循環の分離が完全に行われるようになった。また、赤血球は核を失い（ラクダは例外）、酸素の運搬量が増えた。

効率の良いエネルギー生産をするためには、呼吸器系も重要である。哺乳類の単位時間・単位体重当たりの酸素消費量は爬虫類と比べて一桁から三桁大きい（遠藤、二〇〇二の表1－4[67]）。肺は大きく、横隔膜によって腹腔と隔てられた胸郭に収められ、横隔膜を動かすことにより多量の空気の交換が可能になっている。

また、哺乳類は一般に体毛を持ちその断熱効果で体温維持を効率的に行っている。ただし、海獣類は体毛を失い、皮下脂肪をその代用としている。また、汗腺は老廃物の排出とともに体温調整の機能を持つ。人は全身に汗腺を持つが、食虫類、げっ歯類、食肉類の一部では足と肛門付近にのみある。鯨類といくつかのコウモリ、げっ歯類にはない。

⑵胎生と授乳保育

哺乳類の胎児は子宮の羊膜の中で羊水に浸かって発達する。また、胎児は胎盤を介して母体と結びつき、胎児への栄養供給や排泄は胎盤を通して行われる。

もっとも哺乳類らしい行動は授乳であるが、乳を分泌する乳腺は汗腺が変化したものだと考えられている。乳腺を持つのは基本的にメスであるが、マレーシアのフルーツコウモリの一種にはオスも泌乳するものがいる[69]。

⑶知能と感覚器官の向上

他の脊椎動物と比べると哺乳類では大脳半球が増加し脳が大きい。また、左右の大脳新皮質を連結する大脳連合野が発達している。高等哺乳類では表面が複雑な皺になった新皮質が原始的な脳をおおっていることも特徴である。この新皮質が哺乳類特有の複雑な行動を支えている。いくつかの種では親による保育が長期化し、親から子へと生活上の知識が伝えられ、生き抜くための情報量を多く処理、記憶できるようになった。また、複雑な社会関係を認識し、環境への対応を社会組織でできるようになった。霊長類など高等な知能を持つ哺乳類は生み出されるエネルギーの多くを大脳が消費する。

(4)運動能力の向上

　哺乳類の特徴は爬虫類と比較して外骨格が単純化するとともに完全骨化していることにもある。これは魚類から両生類、そして爬虫類への進化における一般的傾向でもある。外骨格の単純化と骨化により、体の支持が確実になるとともに、筋組織がしっかりと付着するようになった。

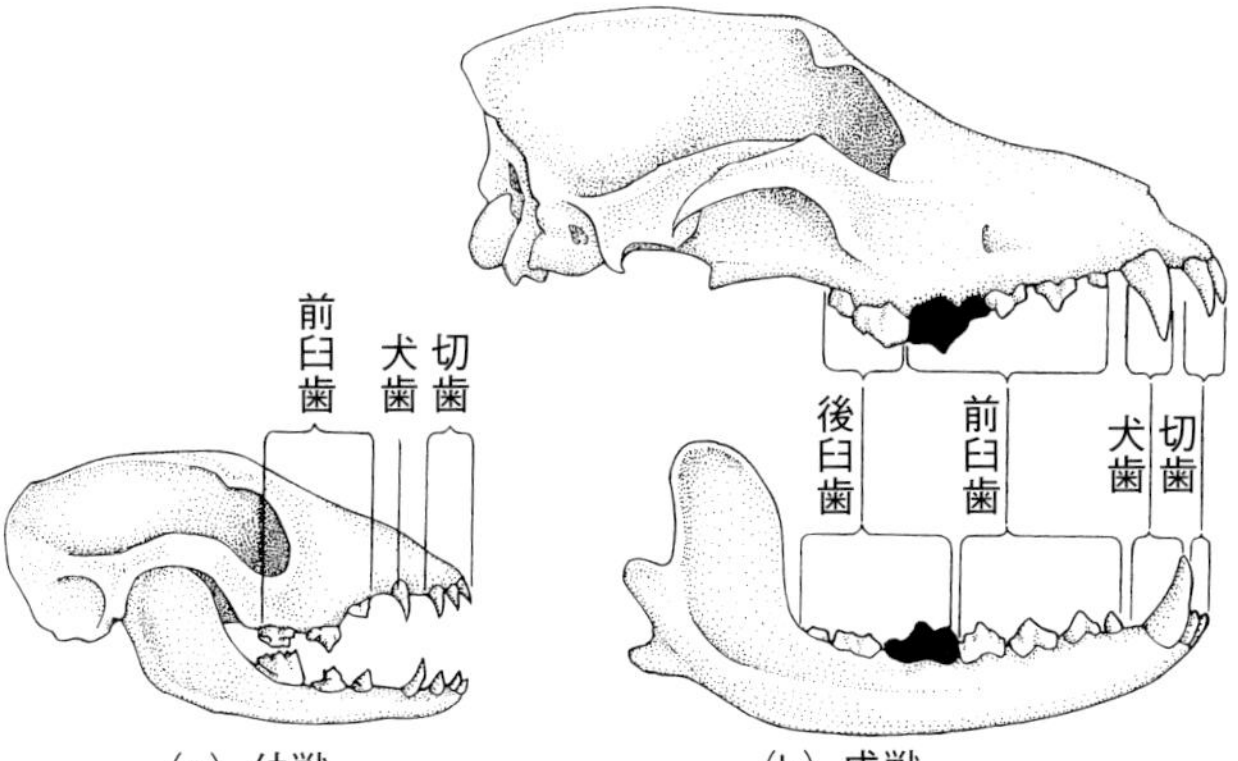

図1-14　イヌの歯で見た異型歯性と二生歯性（Kardong, 1995[68]を一部修正）。歯は、歯列の位置に応じて形態的・機能的に分化している（異型歯性）。また、乳歯（a）から永久歯（b）へと生えかわる二生歯性である。食肉類では、上顎第四前（小）臼歯と下顎第一後（大）臼歯が切り裂き機能が強化された裂肉歯（いずれも黒く塗りつぶしてある）となっている。

(5) 摂食・消化能力の向上

内温性には効率の良いエネルギー摂取が必要である。そのため哺乳類は、歯牙形態と消化システムの特殊化によって様々な食物を効率よく摂取できるようになった。

哺乳類の成功のもとの一つは特殊化した歯を持っていることである。異型歯性 heterodont と二生歯性 diphyodont が種ごとの歯の特殊化の基盤となっている（図1－14）。異型歯性とは歯列（歯の並び）が形態の異なった歯からなることである。種ごとにもっぱら食べる食物の種類に応じて摂取、咀嚼に適した構造に歯列を特殊化させているのだ。

また、爬虫類では鼻腔と口腔の隔たりがなかったが（獣歯類では例外）、哺乳類では、前顎骨と上顎骨が両外側から伸びてきて口蓋（二次口蓋）を形成する。哺乳類ではこのことによって呼吸をしながら咀嚼が可能になった。

消化器官にも哺乳類ならではの特徴があり、食性に応じた特殊化が見られる。一般に食道は単純な管であり、胃はほとんどの種で単純な袋であるが、反芻類、鯨類、海牛類ではいくつかの小部屋に分かれている。

2章
森の生い立ちと獣たち

2・1　種形成のゆりかご

ナキウサギとヒグマは北海道に出かけないと見ることはできないし、アマミノクロウサギ、イリオモテヤマネコは南西諸島にしかいない。同じ日本といえども地域によって生息する哺乳類の種類は違う。

二つの動物区

世界の動物分布を動物相の異同によって地域的に区分する動物地理学によれば、日本は二つの動物区にまたがることになる（図2－1）。一つはユーラシア大陸の北部を指す旧北区（旧北亜区）でトカラ列島以北の地域が該当する。その動物相はアジアの温帯以北に起源を持つ種からなる。もう一つは南アジア、南中国、東南アジア一帯を指す東洋区（東洋亜区）で奄美大島以南の島々が該当し、動物相はアジアの亜熱帯から熱帯に起源を持つ種からなる。

この二つの動物区の日本列島における境界線は渡瀬線とよばれ、哺乳類以外にも鳥類、爬虫類、両生類、昆虫類（蝶類を除く）の大部分、クモ類、陸生の貝類についても分布境界となっている。また、この線は植物地理のうえでも意味があり、全北区植物界と旧熱帯区植物界の境界もここにある。また、中琉球と南琉球の間にある慶良間海裂は鳥類相の違いから蜂須賀線とよばれている。

さらに、旧北区に属する地域は津軽海峡を横切るブラキストン線によって、北海道地区（北海道とその周辺の島）と、本州地区（本州・四国・九州、対馬、種子島、屋久島など）に分けられる。

このような日本の哺乳類相とその分布のパターンはどのようにして形成されたのだろうか。1章で

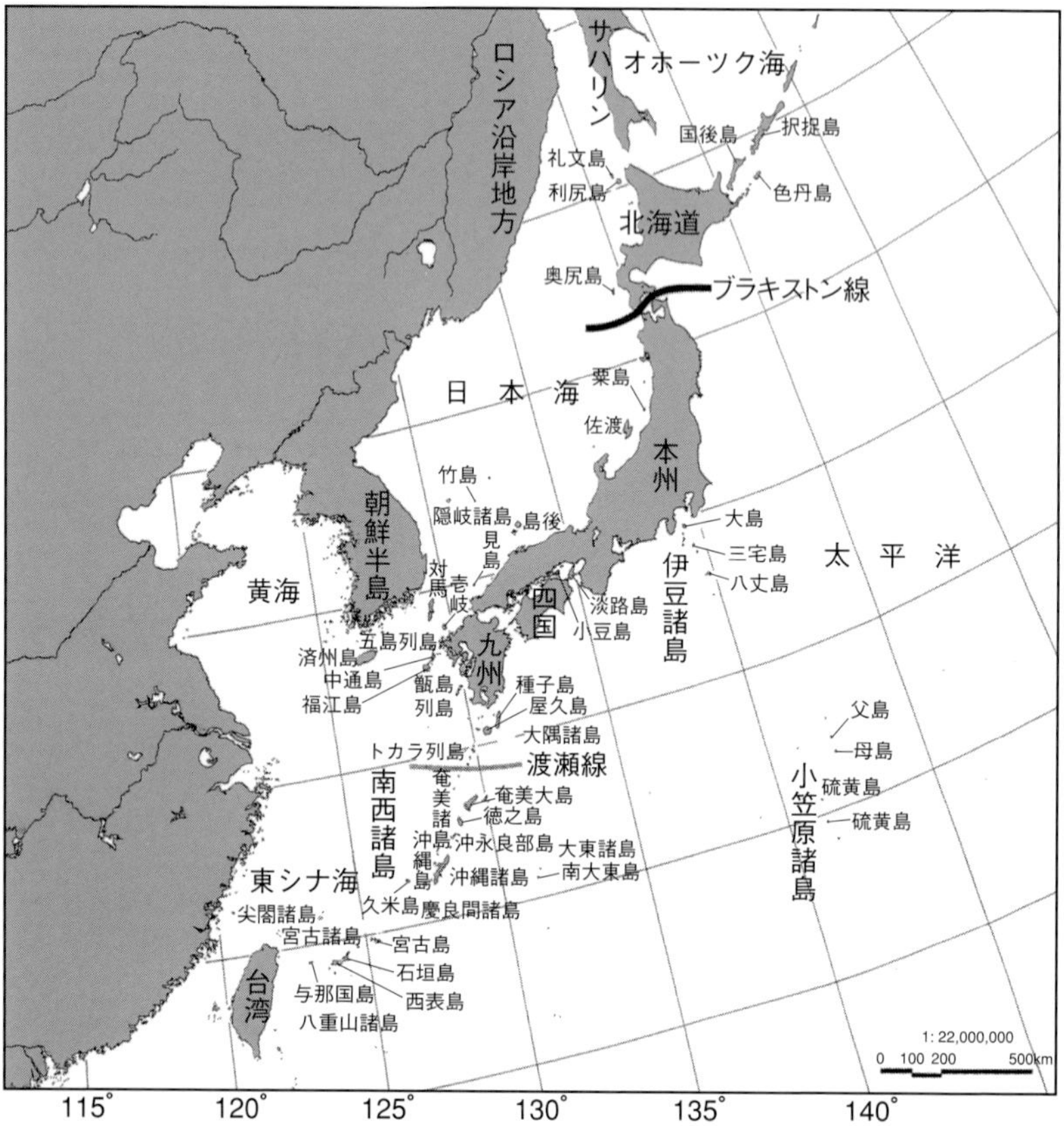

図2-1　日本列島と動物地理学的に重要な境界線（阿部ほか、1999）[1]。トカラ列島（渡瀬線）以北が旧北区、以南が東洋区。

は森林に棲む哺乳類の特徴について主に環境との関連から述べてきたが、分布を含めた生物の特徴は環境因子だけで決まっているわけではない。とくに現在の哺乳類の分布を説明するためには環境条件以外に日本の地史、植生史、哺乳類の分布の展開過程についての理解も不可欠である。

図2-2　日本の哺乳類相の原型は中期更新世に大陸から陸橋を渡ってきた

氷河現象と哺乳類相

日本の在来哺乳類のすべてはアジア大陸に生息する哺乳類と共通するか類縁関係にある。これは、日本が大陸の辺縁に位置する島国であるという地勢と関係しており、大陸から移住してきたものが日本の哺乳類相の母体となっているからだ。現在の日本列島は海を介して大陸と隔てられているが、列島の形成過程で地殻変動や気候変動により大陸との連結があったので、陸棲哺乳類であっても大陸から日本へと渡って来ることができたのである（図2－2）。また、現在の哺乳類相の母体が日本に移入してきた後には、日本列島は大陸から切り離され、島として孤立するとともに大陸個体群との遺伝的な交流が途絶え、独自の進化がはじまった。そのため、固有種や固有亜種も多い

（固有種は在来種の三七パーセントである四〇種）。

現在の日本の哺乳類相の大部分は更新世（洪積世）とよばれる地質年代の中期以降に大陸から移住してきたものがもととなって確立したと考えられている[2]。そこで、哺乳類の移入をめぐる更新世の出来事について少し詳しく述べてみることにしよう。この更新世という時代は今から約二〇〇万年前から一万年前までをいうが、中緯度地方の山岳地帯以外にも氷床が存在したので、氷河時代ともいわれる。なお、今から一万年前以降は完新世（沖積世）といい、更新世と合わせて第四紀と名付けられている。

氷河時代というとずっと寒冷な気候が続いたかのようだが、実際は、寒冷期と温暖期が繰り返された。寒冷期を氷期、温暖期を間氷期とよび、アルプス地方の氷河の消長の痕跡に基づいて、更新世にはドナウ、ギュンツ、ミンデル、リス、ウルムという五回の氷期があったと考えられている。

寒冷化が起こった氷期には海に戻るべき水が大陸に氷床として固定され、海面が低下し、海の浅い部分が陸化した。このようなところが動植物の移動経路、すなわち陸橋になったわけだ。氷期には水面は一〇〇メートルは低下したと推測されているが、水面が一〇〇メートル低下すれば間宮海峡（深さ約二〇メートル）、宗谷海峡（深さ約六〇メートル）が陸化し、北海道は大陸の半島と化してしまう。また、瀬戸内海や東シナ海の大部分が陸地となる。北海道の哺乳類相はシベリア、サハリンのものと類似度がきわめて高く、固有種がほとんどいないが、比較的わずかの海水準面低下で大陸と接続してしまうことが原因している。さらに、もし一五〇メートル低下すれば、津軽海峡（深さ一四〇メートル）、朝鮮海峡（一四〇メートル）、対馬海峡（一一〇メートル）も陸化し、日本は大陸とは完全な地続きで日本海は湖となってしまう。これらは現在の地形が維持された場合に想定されることであるが、実際は隆起、沈降など地殻変動をともなって日本列島の土地の連結、分断が起こったと推測されている。たとえば、現在深度一〇〇〇メートルを超すトカラ海峡は、沈降によって陥没し、著しく深くなったという。[3]

種形成のゆりかご

このようにして更新世に何回か現れては消えた陸橋をたどって日本に移住してきた哺乳類相の推移について、化石の証拠から見てみよう。[3-7] まず、前期更新世だが、アカシゾウ *Stegodon akashiensis*、アケボノゾウ *Stegodon aurorae*、タマシフゾウ *Elaphurus* sp.、カズサジカ *Cervus kazusensis*、オオカミ *Canis (Xenocyon) falconeri* などの化石が発見されているが、この時代の哺乳類化石はきわめて少ない。さらに、一二〇万年前、ギュンツ氷期あたりからは、アケボノゾウ、カズサジカなどの化石に加えてシガゾウ（ムカシマンモス）*Mammuthus shigensis*、ニホンムカシジカ *Cervus praenipponicus*、など中国北方系の動物群が登場し、中国大陸北方からの動物群の進入を可能にした陸橋の存在が指摘されている。

中期更新世の六〇万年前から三〇万年前にかけてはトウヨウゾウ *Stegodon orientalis* とともにシナサイ *Rhinoceros sinensis* など中国南部に分布の中心があった種の化石が発見されており、対馬海峡や東シナ海あたりに陸橋の存在が推測されている。この時期、ヒミズ *Urotrichus talpoides*、ヒメヒミズ *Dymecodon pilirostris*、ムササビ *Petaurista leucogenys*、ヒメネズミ *Apodemus argenteus*、ニホンザル *Macaca fuscata* など現生の森林生活者も出現している（図2-2）。

三〇万年前から一万六〇〇〇年前までにかけてナウマンゾウ *Palaeoloxodon naumanni* が出現し

たが、この属は中国北部を中心に生息していたと考えられている。同時期にはハタネズミ *Microtus montebelli* も出現した。

ところで、以上のような中期更新世の日本の哺乳類は約半数が固有種と見なせるという見解がある[4]。移動能力が低く隔離機構が働きやすい、世代時間が短く突然変異が早い速度で蓄積されるという特性を持つ小哺乳類を中心にこの時期すでに日本の哺乳類相の独自性が形成されていたと考えられているのだ。大陸の辺縁にあり地理的に隔離状態が容易に作られるという条件にあった日本列島は種形成のゆりかごであった。

後期更新世（約一〇万〜一万年前）の哺乳類相としてはナウマンゾウが代表的なものであるが、タナカグマ *Ursus tanakai*、アカシカ *Cervus elaphus*、ニキチンカモシカ *Naemorhedus nikitini* も一時的に出現した。最後の氷期であるウルム氷期（六万〜一万年前）はこの時期の後半に相当する。ウルム氷期にはサハリン、ユーラシア大陸をつなぐ宗谷海峡は陸化していたと考えられており、まず、シベリア、サハリン経由でマンモス *Mammuthus primigenius* を含む北方系の動物相が南下してきた。続いてナウマンゾウやオオツノシカ *Sinomegaceros yabei* などが日本全土に生息するようになったが、北海道で出土するオオツノシカ、ナウマンゾウは本州から北進したと考えられている。その後約二万年前にはマンモスが再び南下している。ヘラジカ *Alces alces*、オーロックス *Bos primigenius*、バイソン *Bison priscus* も大陸北部から北海道に進入し、津軽海峡に一時的に形成された氷の橋を渡って本州へも進入し一時的に生息したと推測されている。そして、約一万年前には日本列島は大陸から完全に切り離され、現在の日本の哺乳類相がほぼできたと考えられている。

図2-3　琉球列島弧と動物地理学的に意味のある境界線

それでは、更新世の南西諸島の様子はどうであっただろうか。この島々の大部分は、九州から台湾まで連続する細長く伸びた海底の高まり「琉球海嶺」の上にのっている。この琉球海嶺は、トカラ列島南部の悪石島と小宝島の間にあるトカラ海峡と沖縄諸島と宮古諸島の間の慶良間海裂によって分断されているが、それ以外ではよく連続している。その陸地部分は、北から順番に、北琉球弧・中琉球弧・南琉球弧の三つに区分されることがある（図2－3）。

海洋地質学的な調査に基づいて、この海嶺は今から二〇〇万～一〇〇万年前と二〇万～二万年前の間に陸橋を形成したと考えられている。[3] 先の期間（前期更新世）には、絶滅したリュウキュウムカシジカ *Cervus astylodon*、リュウキュウムカシキョン Muntiacinae、現生のトゲネズミ *Tokudaia* sp.、ケナガネズミ *Diplothrix legata*、アマミノクロウサギ *Pentalagus furnessi* が大陸から移入してきたと推測されている。

後の期間には台湾から宮古島、八重山を経て奄美大島に連なる地帯がほぼ陸化したと考えられるが、沈降して形成された慶良間海裂で南琉球（宮古諸島以南）と中琉球は遮断されていた。そのため南琉球の化石にはミヤコノロジカ *Capreolus miyakoensis*、ハタネズミの仲間 *Microtus fortis*、ヤマネコ ***Felis* sp.** など琉球列島の他地域からは産出されないものがある。また、それら化石の哺乳類相、現生の哺乳類相とも中国大陸、台湾の哺乳類相と類似度が高い。

大陸でのもともとの分布、渡来の経路から、日本列島に現在生息する種をまとめると、渡来の時代を問わなければ次の五つに区分できる。①シベリアからサハリン経由で渡来し、北海道ないしその周辺の島に分布する種（オオアシトガリネズミ、タイリクヤチネズミ、タイリクモモンガ、ムクゲネズミ、キタリス、シマリス、ヒグマ、クロテン、ナキウサギ、ユキウサギなど）、②大陸の北方系に由来し本州、四国、九州、その周辺の島に分布する種（ヒメネズミ、ヤチネズミ、ニホンリス、ホンドモモンガ、ノウサギ、テンなど）、③大陸の中部・南方系に由来し本州、四国、九州、その周辺の島に分布する種（コジネズミ、モグラ類、カワネズミ、ムササビ、カワウソ、アナグマ、カモシカ、ニホンザル、ツシマヤマネコなど）④少なくとも一〇〇万年前に南西諸島に分布し、他から隔離の程度の高い中琉球の種（アマミノクロウサギ、アマミノトゲネズミ、ケナガネズミなど）、⑤現在の台湾、中国南部と関係の深い南琉球の種（イリオモテヤマネコ、セスジネズミなど）である。

2・2　森林の生い立ちと哺乳類相

森林が育んだ哺乳類相

現在の日本の哺乳類相の原型は中期更新世にあるのだが、そのもととなった中国の哺乳類相は日本列島のものより多様であった。日本列島への進入経路となった陸橋がフィルターとなり、進入できなかった哺乳類もいたようだ。フィルターとなったのは進入経路の規模やそこに成立していた植生であろう。後期更新世後半に本州以南に現れる大型哺乳類には、津軽海峡に形成された「氷の橋」を渡って進入してきたものもいたという説がある。[2]「氷の橋」を渡るような移動能力も哺乳類相を決める重要な因子だと考えられるが、現在の日本の哺乳類には森林性のものが多いことを考えれば、森林の歴史も当時の哺乳類相の成立におおいに関わっただろう。

日本の植物相も、哺乳類相同様アジア大陸の強い影響を受けるとともに、氷河期における温暖化寒冷化の繰り返しによって構成や分布が変化した。しかし、日本列島の主要な生態環境はほぼ一貫して森林であったらしい。更新世の哺乳類化石には典型的な草原生活者ないし乾燥地帯の存在を示すものは少なく、更新世中期の山口県秋芳町の堆積物からハムスター *Cricetulus* sp. が、更新世末の堆積物からウマ、バイソン、オーロックスの化石が限定的に産出するのみである。[8]現在の哺乳類相にはナキウサギなど少数を除いてこのような要素は少なく、その主要な部分は、縮小拡大はあったにしても日本列島に連綿と続いてきた森林の中で育まれてきたといえよう。

写真2-1　生きている化石植物・メタセコイア（森林総合研究所関西支所並木）。化石として発見、命名された後、中国湖北省、四川省で自生していることが確認された。

更新世の植生

更新世がはじまると、冷涼な気候が訪れ、古い型の植物群は南方への移動を余儀なくされた。ヨーロッパから中央アジアにかけてはアルプスや砂漠など障壁があり、古い型の多くの植物はギュンツ氷期までに消滅してしまったが、南北に長い日本列島においては南への退避が可能であったので古い型の植物は比較的残った。しかし、それまであったメタセコイア（写真2-1）、オオバタグルミ、オオバラモミなど暖地性で古い型の植物群は消滅し、近畿地方ではウラジロモミ、シラベ、ツガなどの北方型の森林に置き換わっていった。その後、間氷期、氷期の繰り返しにしたがって、落葉あるいは常緑広葉樹の優占する森林と針葉樹を主とする森林の周期的な交代が見られた。[9]

現在の日本の哺乳類相がほぼできあがったのは後期更新世であるが、この時期の植生は各地の花粉分析により、詳しく復元されている。スギの分布の歴史の実証的研究に挑んだ塚田松雄さんの論文にその詳細が書かれているのでそれに基づいて説明しよう。[10]

現在の地形のおおかたできあがっていた当時、植物は気候変動にしたがって太平洋側、日本海側をそれぞれ南北に移動するか、脊梁山脈の山腹を上下に移動した。

最終氷期であるウルム氷期の最寒冷期には、朝鮮海峡が陸化したので日本海は閉鎖し、黒潮が流入せず日本海側の寒冷化は促進された（日本海が完全に閉鎖されたかどうかははっきりしていない）。降雨量は現在より少なかったと考えられている。この時期には、中部地方から東北にかけて現在冷温帯林が優占している地域は亜寒帯針葉樹林におおわれていた。冷温帯林（針広混交林）の北限は海沿いに北陸や東北南部に達していたが、西日本に分布の中心を移していたと考えられている（図2‐4）。

晩氷期の約一万五〇〇〇～一万年前の地層ではゴヨウマツ亜属とカンバ属の両方、あるいはその一方が優占し、その前半（一万五〇〇〇年前から一万二〇〇〇年前）は後半（一万二〇〇〇年前から一万年前）より亜寒帯性針葉樹が多かった。また、後半からは北緯三七度以南で、ブナ属を含む落葉広葉樹が増加している。

一万年前以降七〇〇〇年前までは、関西と中国地方はブナが優占する時代で、中部地方ではブナ属、ナラ亜属、東北地方ではナラ亜属、カンバ属、北海道ではカンバ属が優占する森林が見られた。七〇〇〇年前から四〇〇〇年前になると照葉樹林は現在の分布に近くなり、北東日本ではブナ林、北海道ではナラ亜属の林が最大に繁茂した。

四〇〇〇年前から一五〇〇年前には冷涼気候を好むブナ属や寒冷気候を含むトウヒの花粉がやや増加した。この時期の半ばには、栽培植物や雑草花粉の増加がはじまり、農耕活動が活発になったことを示すという。さらに南西日本では二〇〇〇年前から、中部日本では一五〇〇年前から、北東日本では七〇〇〇〜八〇〇〇年前からアカマツ花粉が増加した。これは集約的な農耕が北九州ではじまり、北へ向かって伝播したことを反映していると考えられている。[11]

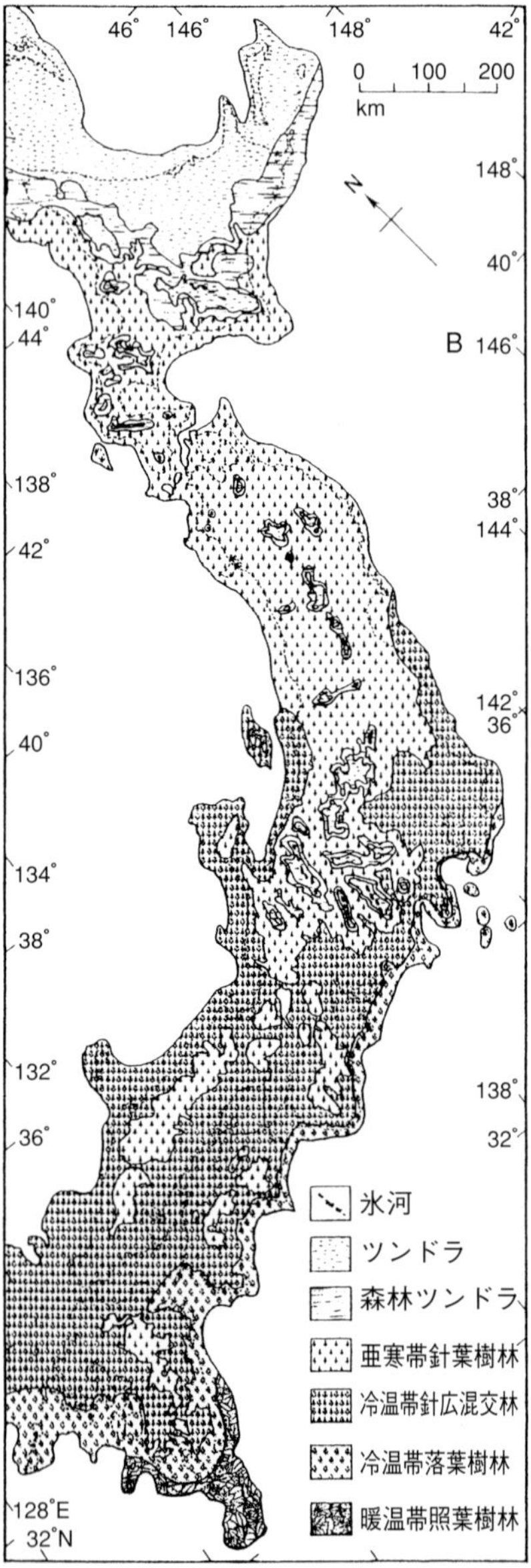

図2-4　花粉分析から推定されたウルム氷期最寒冷期における日本の植生（Tsukada, 1982を改変）[10]

塚田さんがとくに注目したスギであるが、現在の分布中心は最寒月の平均気温マイナス二・〇〜四・〇度、最暖月の平均気温二〇〜二五度、年平均気温が一〇〜一四度、年間降雨量が一六〇〇ミリ以上のところであり、一定の気温と降雨を生育の要件としている。このことに基づいて、若狭湾地帯や伊豆半島周辺などいくつかの地域が最終氷期におけるスギの逃避地であったのではと推定されている。さらに、この種は一万五〇〇〇年前ごろからブナ属を含めた落葉広葉樹林とともに分布を拡大しはじめたが、脊梁山脈が東西の移動の障壁となり、太平洋側、日本海側の二つのルートを北上したと考えられている。日本海側を北上した集団は約四〇〇〇年前に東北地方北部に到達し秋田杉の祖先となり、伊豆半島付近に端を発したスギは、太平洋沿いに北上し、一五〇〇年ごろに仙台付近にたどりついたと考えられている。

ブナのDNAの集団遺伝学的解析は、最終氷期以降の森林変化について塚田さんのシナリオをほぼ支持する結果となっている。ミトコンドリアDNAの解析ではブナ林の北限と南限を含む全国一七地点から得られた標本から地域ごとに多様な遺伝的変異が見つかったが、北日本（黒松内低地、函館、白神山地、早池峰山、飯豊山地）から得られた標本は早池峰のものを除いて同一のハプロタイプ（遺伝子型）、早池峰のものもそれから派生したハプロタイプであり、北日本のブナ林は均質な遺伝的組成を持っていると結論された。また、それ以外の地域のものはいくつかの地域ブロックごとに固有なハプロタイプを持つ傾向にあることがわかった[12]。

さらに、その後発表された葉緑体DNAの分析においてもミトコンドリアDNAとよく似た遺伝的変異の地理分布が確認されている[13]（図2-5）。その分析からは、ブナが大きく二つの系統に分かれることがわかった。その一つは北海道から鳥取県大山までの日本海側と中部山岳地帯をへて東海地

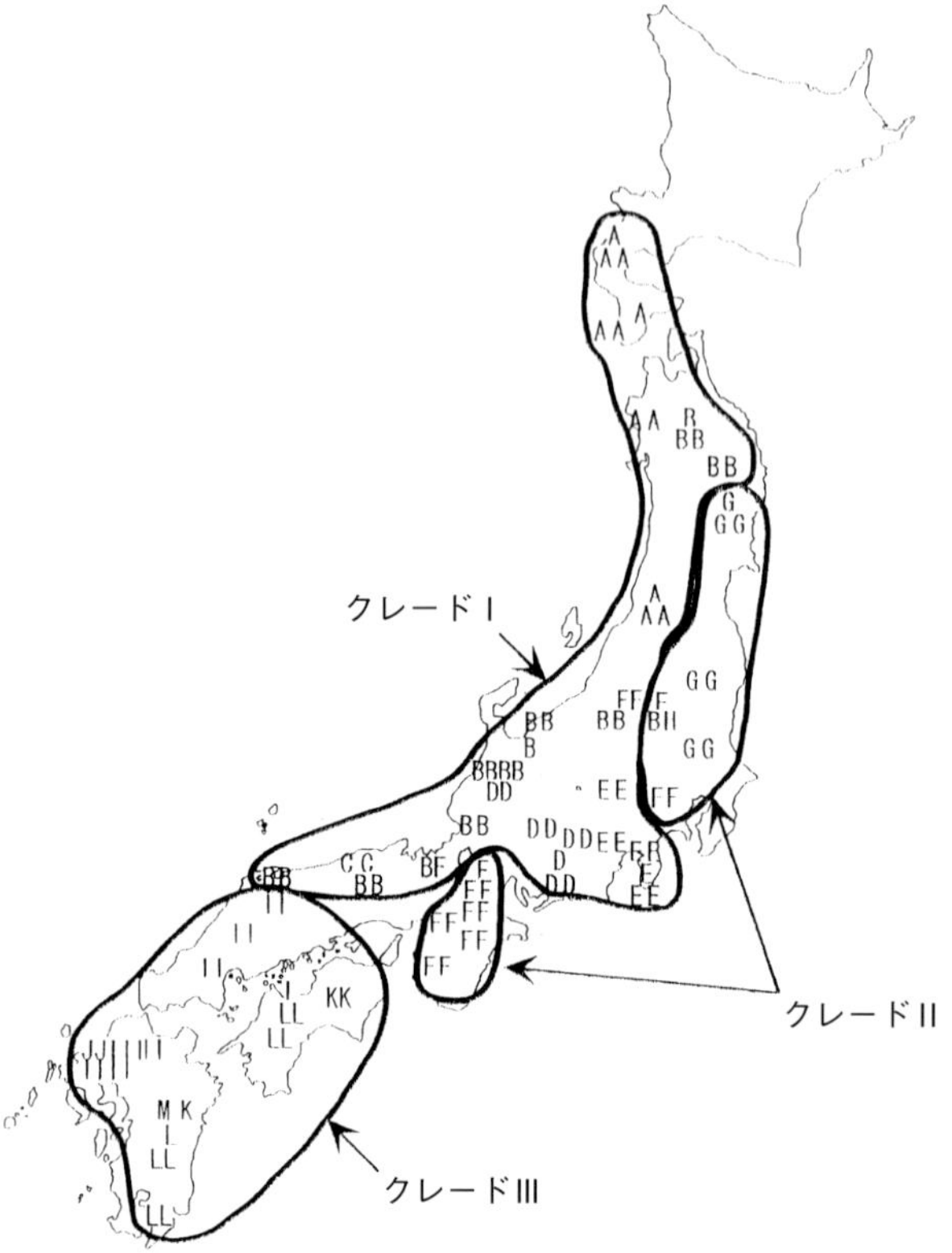

図2-5　ブナの葉緑体DNAのハプロタイプとその3つの系統（クレード）の地理的分布。アルファベットはハプロタイプを示す（Fujii *et al.*, 2002）[13]。

方に繋がる分布を示す系統（クレードⅠ：ハプロタイプA～E）であり、別の一つは南東北から関東にかけての太平洋側と西日本に主に分布する系統（クレードⅡ、Ⅲ：ハプロタイプF～M）である。後者はクレードⅡとⅢに細分されるが、クレードⅡは東北の太平洋側から関東と紀伊半島の二つの地域に分かれて分布し、クレードⅢは中国地方の西部から四国、九州に分布する。北日本に分布するブナの系統には、スギと同じように日本海側と太平洋側を北上した二つの系統が

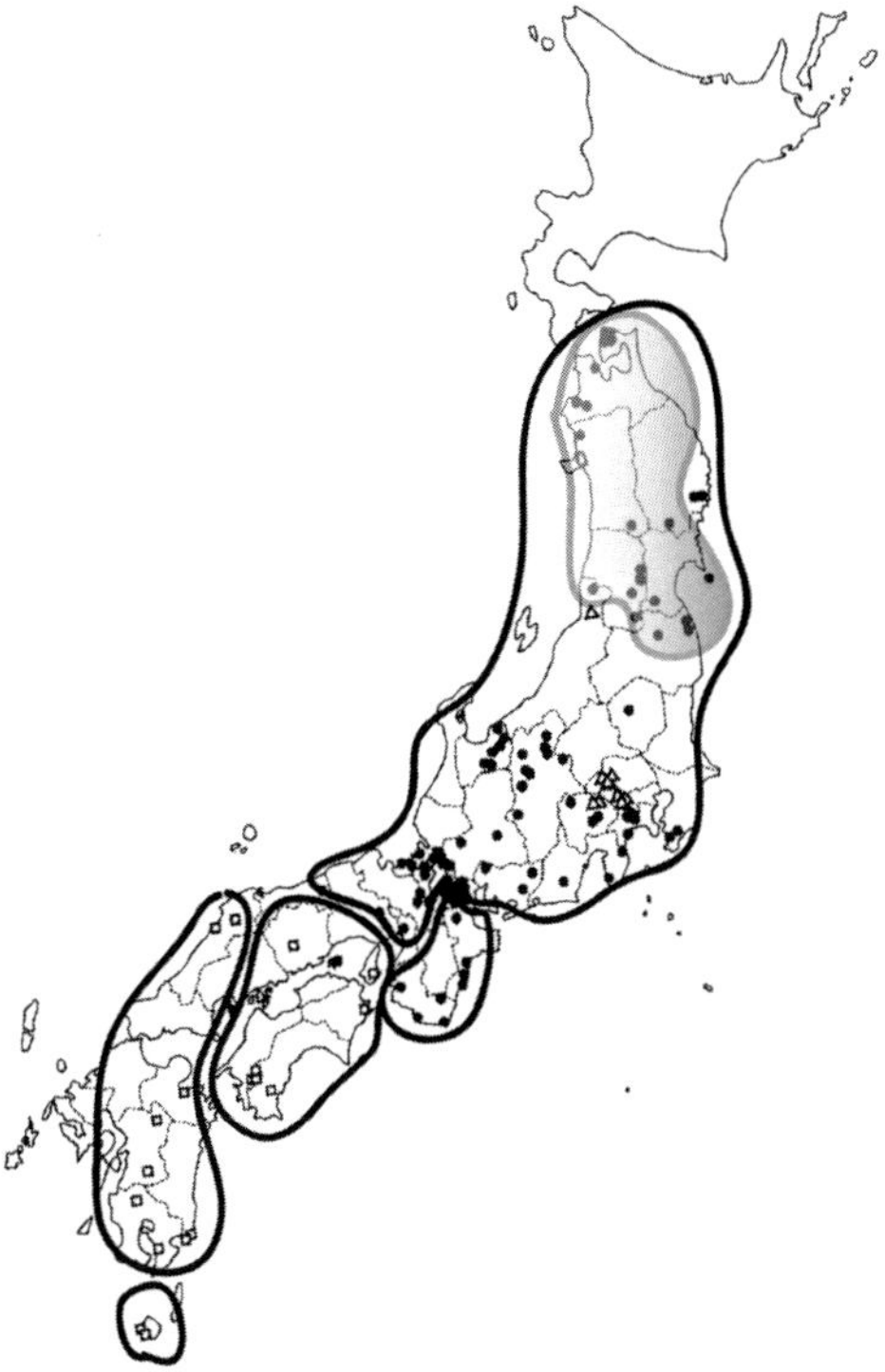

図2-6　ニホンザルのミトコンドリアDNAの５つの系統（●、□、△を囲む濃い太線）の地理的分布。●は東日本型の系統、□と△は西日本型の系統。△が秩父と新潟にも分布していることに注意されたい。東北地方は岩手県北上高地南部を除いてただ１つのハプロタイプ（淡く塗りつぶした範囲）（川本、2002をもとに作図）[14]。

あること、北日本のブナ林が均質な遺伝的組性を持っていることも興味深い。

　ブナ林に代表される落葉広葉樹林は哺乳類の食物環境として重要であり、森林性哺乳類の中にはこれと類似の分布変化をしたものがあるだろう。図２－５と図２－６をよく見比べてみて欲しい。図２－６は、ニホンザルのミトコンドリアＤＮＡの地理的変異[14]である。驚くほどよく似たパターンが見られる。ニホンザルの遺伝的変異については次節でさらに説明しよう。

2・3　氷河時代の刻印

氷河時代の出来事は、列島における近縁種どうしの分布パターンにも刻印されているようだ。際立った例はモグラ属 *Mogera* の分布である。日本のモグラ属はコウベモグラ、アズマモグラ、エチゴモグラ、サドモグラの四種いるが、サドモグラは佐渡島に、エチゴモグラは新潟平野に、コウベモグラは中部以西に、アズマモグラは東日本に分布するとともにコウベモグラの分布地帯の中に飛び石状に小規模の分布地（京都付近の山地、紀伊半島の山岳地帯、広島県の山岳地、小豆島の一部、四国の剣山、石鎚山）がある（図2-7）。このような分布特性と、コウベモグラと大陸のオオモグラが形態的に近縁であることから、コウベモグラが朝鮮半島から渡来し、アズマモグラが日本列島の先住者であり、後になって（ウルム氷期）コウベモグラがアズマモグラを駆逐しながら分布を拡大しているのではないか、また、西日本における飛び石状のアズマモグラの分布はコウベモグラの生息不適地における残存個体群ではないかという推測がなされている。[15]

一方、両種のミトコンドリアＤＮＡの変異の解析は、この仮説に疑問を呈している。アズマモグラの紀伊半島個体群と関東個体群の塩基置換率は三パーセントである一方、コウベモグラの本州、四国、九州個体群間ではそれぞれ五パーセントであり、コウベモグラの分布拡大がアズマモグラより新しいと考えるには遺伝的変異の程度が大きいことが指摘されているのだ。[16]

氷河時代の出来事の刻印は、種の多様性ばかりではなく、一つの種の遺伝的変異の多様性にも残さ

図2-7　アズマモグラ、コウベモグラ、エチゴモグラ、サドモグラの分布（阿部、2005を改変）[17]

れている。すでに少し紹介したが、ニホンザルの例をまずあげよう。

　化石の証拠などからニホンザルは約四〇〜五〇万年前に列島に進入したと考えられている。現在のニホンザルの分布は広葉樹林の分布と密接な関係があるので[18]、氷河時代におけるその分布は植生の南北方向への振幅にともない移動をしたと考えられる。

　川本芳さんはニホンザルの分布域全体をほぼ網羅するよう各地（一〇七地点）のサルから試料を得、ミトコンドリアDNAを解析した[14]。四九のハプロタイプが認められたが、これらのタイプは兵庫県と岡山県付近を境に大きく西日本グループと東日本グループの二つの系統群に分けられた（図2－6）。また、西日本グループ内ではタイプ間の分化度が大きく、東日本タイプ内では均一性が高く遺伝的分化の程度が小

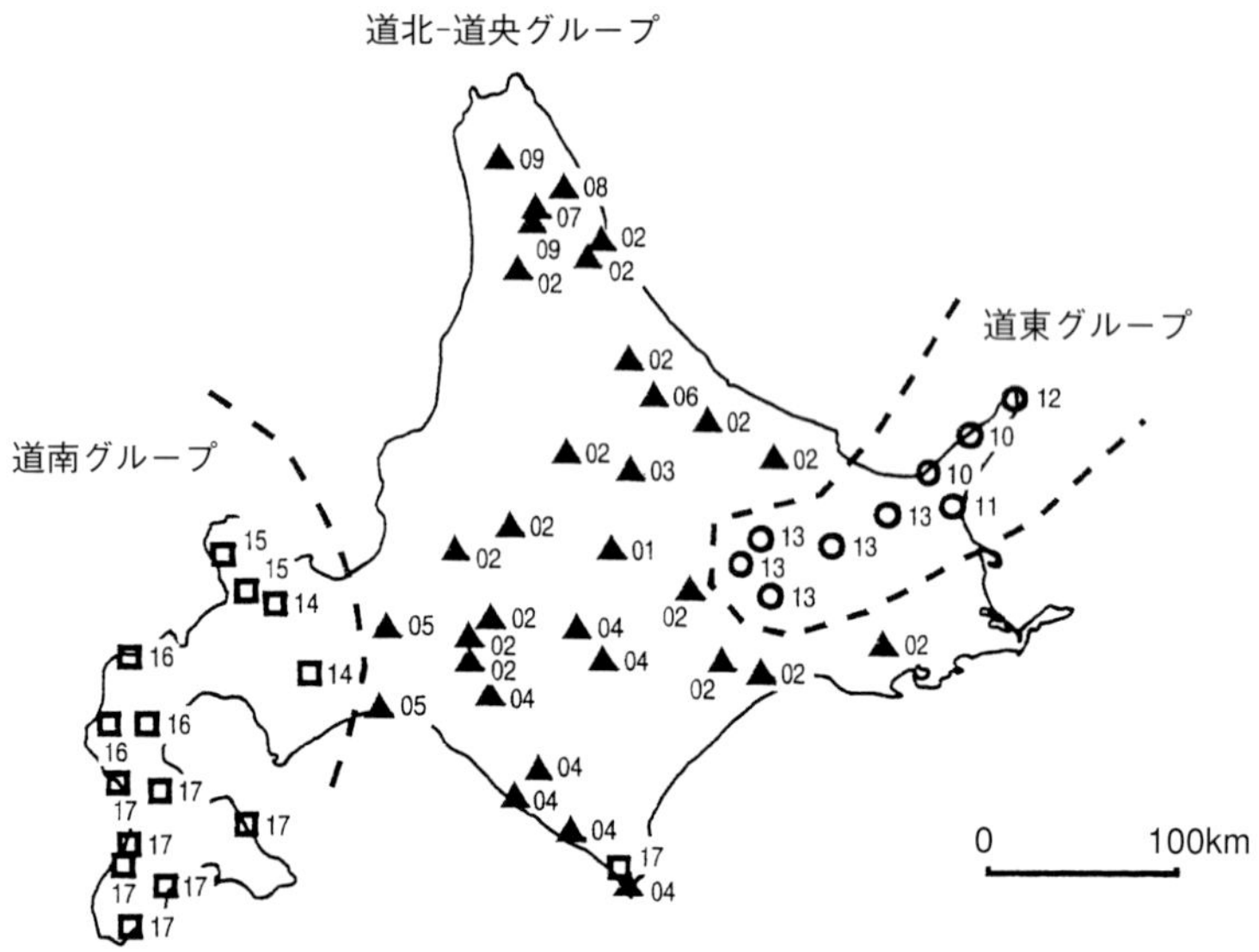

図2-8　ヒグマのミトコンドリアDNAコントロール領域のハプロタイプの地理的分布（増田、2003を改変）[24]。数値はハプロタイプ名。道北－道央グループはユーラシア、西アラスカのヒグマと、道東グループは西アラスカグループよりも先に北米に渡ったと考えられている東アラスカのヒグマと、道南グループは3グループでもっとも早く分岐しチベットヒグマと近縁関係にあることが示唆されている。

さいことが明らかになった。塩基置換数が単純に時間に比例しているとすれば東日本グループの遺伝的分化は西日本グループよりも短い時間で起こった。すなわち比較的最近形成された集団内で起こった遺伝的分化であることになる。とくに、東北地方の個体群では地域ごとに分布の孤立が顕著であるにもかかわらず（図5－2参照）、岩手県の北上高地南部に生息する集団を除いて単一のハプロタイプしか認められない。このハプロタイプを持つニホンザルが最終氷期以降の植生の回復にともなって急速に分布を北上し広がったため分化するにいたっていないのであろうと推測されている。北上高地のサルは東北の他のものと分子系統的に起源が異なり、最終氷期最寒冷期にこの地域のどこかにあった逃避地に残存していた集団がもとになっている可能性がある。

類似の遺伝的変異の地域パターンはニホンジカでも認められている。すなわち、ミトコンドリアDNAコントロール領域の解析によれば岡山県、兵庫県あたりを境に北日本グループと南日本グループに分かれることが明らかになり、さらに、チトクロームb遺伝子を用いた系統解析から南日本グループが北日本グループに比べて遺伝的変異に富んでおり、より古い時期に形成されたものであることが示唆されている[19,20]。しかし、その形成過程についてはニホンザルとは別のシナリオが考えられている。その説によると南日本グループは、更新世中期後半に朝鮮半島経由で渡来し、北日本グループは更新世後期末に樺太、北海道を経て渡来したという[21]。

また、北海道に分布するヒグマも地域的な遺伝的多型を示す。ヒグマは極東に広く分布し、北海道がその分布の南限である。このヒグマを対象にミトコンドリアDNAの分子系統解析が行われたところ、道北‐道央のグループ、道東のグループ、道南グループの三つの系統に分けられた[22]（図2‐8）。さらに、これらのグループとユーラシア大陸、アラスカのヒグマとの類縁関係を調べたところ、道北‐道央グループは西アラスカのヒグマと同系統、道東グループは西アラスカのヒグマより先に北米に渡ったと考えられる東アラスカと東ヨーロッパのグループと同系統、道南グループはチベットヒグマと近縁であることがわかった[23]。これらの三グループは、三〇万年以上前にユーラシア大陸で分化した後に、異なる年代に、異なるルートを経て北海道に渡来したと推測されている。

哺乳類の誕生と進化

　地球が誕生したのは四五億年前、生命の誕生が三五億年前と考えられている。遺伝物質とそれを包む膜だけからなる生物からはじまり、五億六〇〇〇万年前のカンブリア紀には外骨格を持った大型の水生動物が現れ、五億年前にはじまるオルドビス紀には脊椎動物が現れた（図2－9）。四億一〇〇〇万年前にはじまるデボン紀には昆虫と陸生の脊椎動物が出現し、次の石炭紀には爬虫類、そして石炭紀末には哺乳類の祖先に当たる哺乳類型爬虫類が現れた。裸子植物は石炭紀の次の時代二億五〇〇〇万年前のペルム紀に出現し中生代全般にわたって繁栄した。被子植物は一億四〇〇〇万年前の白亜紀に出現し、新生代になって繁栄したと考えられている。

　三億年前（古生代石炭紀）に陸に上がり肺呼吸を行い、乾燥に強い卵を持つようになった脊椎動物の一群を（有）羊膜類 Amniota というが、この羊膜類が、爬虫類の一系統である単弓類 Synapsida と蜥形《せきけい》類 Sauropsida に分化した。単弓類は哺乳類の祖先となったが、蜥形類の系統はカメ、トカゲ、ヘビ、恐竜、鳥を生み出した。

　初期の単弓類の多くは大絶滅が起きたペルム紀に絶滅したが、新しいタイプの単弓類であった獣弓類 Therapsida は生き延び、三畳紀には哺乳類の形態的特徴をすでに備えた獣歯類 Theriodontia を生み出した。三畳紀後期にはその中の犬歯類 Cynodontia の祖先から哺乳類が誕生した。

　哺乳類が誕生した三畳紀後期から白亜紀後期にかけては恐竜が陸上を支配しており哺乳類にとって暗黒の時代であった。恐竜の体サイズは一〇キログラム程度から一〇〇トンに達し草食性のものから肉食性のものまで分化、様々なニッチを占めていたからだ。一方、哺乳類はといえば、ほとんどがネズミサイズか飼いネコサイズで恐竜に比べ

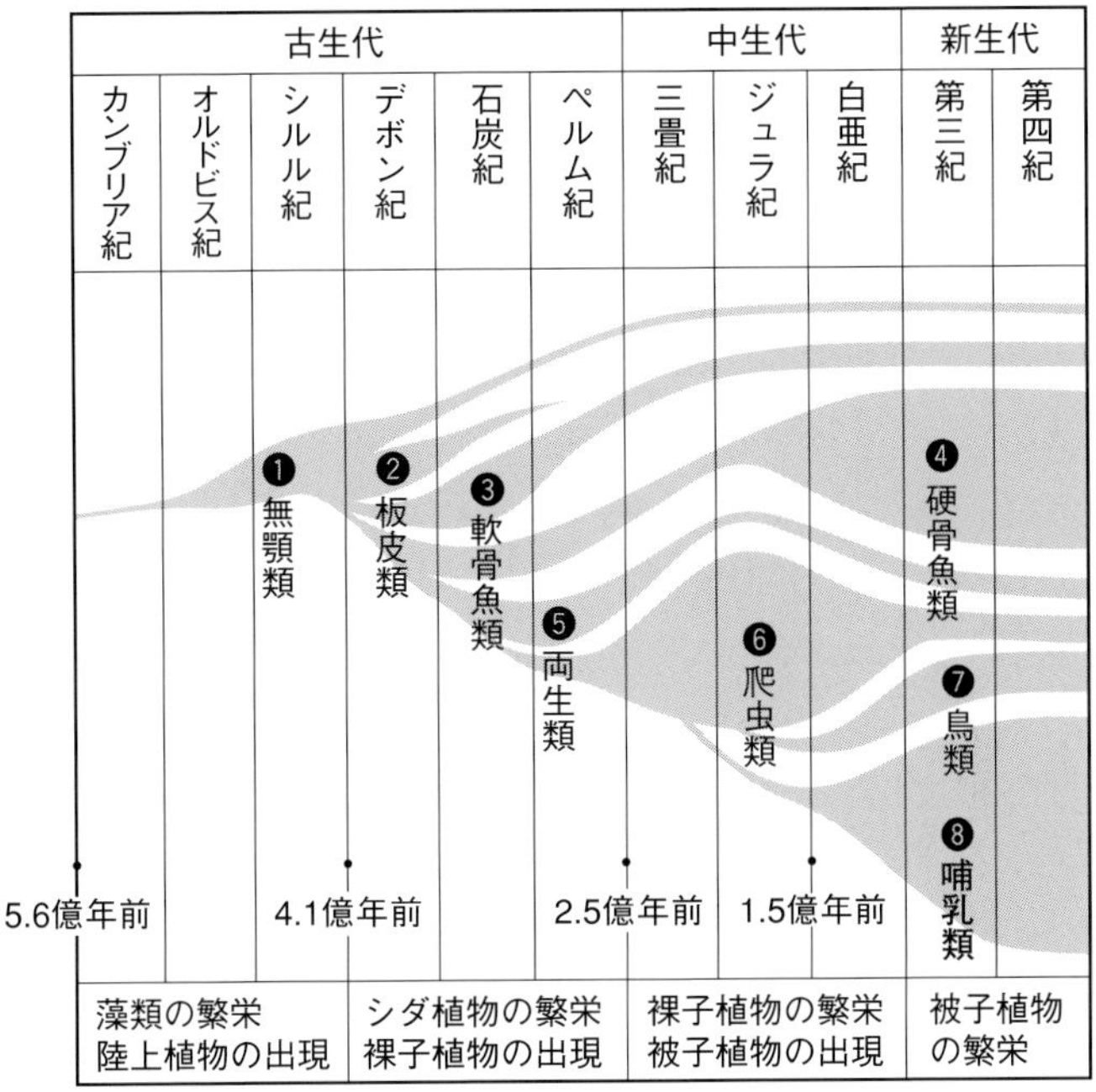

図2-9　脊椎動物の進化と哺乳類の出現

図2-10　モルガヌコドンの１種 *Eozostrodon* の復元図（Vaughan *et al.*, 2000、図3-10をもとに作図）[25]。体長は約107mm。

ればとるに足らない大きさであった。

三畳紀後期ないしジュラ紀前期の地層から出ているモルガヌコドン科Morganucodontidaeは初期の哺乳類の代表であるが、ジュラ紀前期の化石として出土しているものは、体重約二〇〜三〇グラムと推定されている（図2-10）。脳はもっとも進んだ獣弓類の三、四倍大きく、筋肉と神経の調整、聴覚、嗅覚も改善されていたと考えられる。

これら初期の哺乳類の生活はどのようなものであっただろう。モルガヌコドンは夜行性で登攀能力の高い食虫類のようなものであったろうと考えられている。また、母は子に哺乳し、互いに緊密な関係を持ったとも考えられている。換歯、乳腺の存在、母親による子の世話は、互いに関係しながら進化した特徴であると考えられる。なぜなら乳で栄養を取る幼獣には食物を咀嚼するための歯はいらない。また、このような養育法には、母と子の絆が不可欠であるからである。

ジュラ紀後期は大陸間で生物の行き来があった期間である。ヨーロッパ、東アフリカ、西部北アメリカなど大陸の間で爬虫類や植物において類似性があった。白亜紀初期には海洋が障壁となって、哺乳類はそれぞれの大陸で孤立し進化した。前有袋類と前有胎盤類は別々の大陸で分化した。

白亜紀中期には被子植物が優占的な植物となったが、被子植物と昆虫の共進化が白亜紀の昆虫の放散の背景にあったと考えられている。この時期のもっとも劇的な変化は恐竜の運命である。陸の帝王であった恐竜は白亜紀の最後には死滅してしまった。また、白亜紀後期には、被子植物が優占していく一方、裸子植物は衰退していった。

現代の哺乳類は白亜紀に放散したが、被子植物の果実や種子が重要な食物となったこととも関係しているかもしれない。哺乳類は大変長い期間、種子散布者としての機能を果たしてきたようだ。また、被子植物が供給する蜜や葉があったので白亜紀には蛾や蝶も出現した。この時期、シロアリも登場し、甲虫類も放散した。これらの昆虫群も哺乳類にとって重要な食物となったと考えられる。

恐竜が死滅した白亜紀の次の時代は、哺乳類の繁栄によって特徴づけられ「哺乳類の時代」ともよばれる第三紀(約六五〇〇万年前から二〇〇万年前)である。第三紀のはじめに当たる暁新世から始新世は古い型の哺乳類が生息し、これに続く始新世から漸新世にはそれが新しい型の哺乳類にとって代わられた。そして、第三紀の後期には、現在の哺乳類の仲間が出現した。

3章
森を食べる獣たち

写真3-1　ニホンジカの死体にありついたツキノワグマの親子（伊藤悦次氏撮影、岩手県五葉山）

3・1　森の食べ方

食をめぐる共進化

道路脇に転がっていたニホンジカの死体がもぞもぞと動いている。何事かと固唾を呑んで見守っていると、その下腹部から何かが飛び出し黄色い棒杭となって脇に突っ立った。テンだ。後ろ足で直立してこちらの様子をじっと窺っている。北の地域ではこのように春先に餓死したニホンジカの死体を見ることがある。この死体はクマ、テン、タヌキ、イヌワシ、オオワシなど肉食動物のいいごちそうになっている（写真3－1）。

森林性の哺乳類の中でもニホンジカなど植物食のものは、植物が合成した栄養を肉に変え、肉食動物や腐肉食いの動物の生命を支えるとともに、森林を構成する植物を食べることによって森林に直接的な影響を与えている。すなわち、植食性哺乳類がいかに森を食べるかも森林の生物多様性と大きく関わっている。もちろん、食べることが彼ら自身の生存、成長、繁殖にとって大変重要な行為であることはいうまでもない。

一方、植物の側とすれば、一定以上食べられるとそれは死滅を意味し、植物は食べつくされないように、防御のための物質や形態を備えている。その一方で、植物は食べられるようにも進化してきた。矛盾しているようではあるが、たとえば、種子に果肉をまとわせそれを哺乳類に積極的に食べてもらい消化されなかった種子を散布してもらう。

哺乳類は植物が用意したごちそうを、もちろんいただくが、受身でいるばかりではない。自らの食糧を増すために植物の持つ毒に対してはそれを無毒化するような身体の仕組みを進化させたり、なるべく毒の少ない部位を選択するように行動を調整したりしている。植食性哺乳類の形態、生理、行動の多くは森を食べるために様々な機能的な適応をとげている。

この章では、植食性哺乳類の採食のための身体構造と、植食性哺乳類がどれほど森林植生に影響を与えるものか、また、それに対する植物の側の対抗方法を見てみよう。

歯牙

最初に、哺乳類の摂食・消化器官の一般的な構造を説明しておこう。まず、歯である。哺乳類の歯は、歯の並び（歯列）のその位置に応じて形態と機能が分化し、食性に応じて効率良く捕捉、切断、咀嚼ができるようになっている。コラムでも述べているようにこれを異型歯性という。多くの爬虫類は同型歯であり、獲物をほとんど丸呑みするしかないが、哺乳類では異型歯性となることにより、切り裂き、すりつぶしが可能となり、消化効率が良くなったと考えられる（図

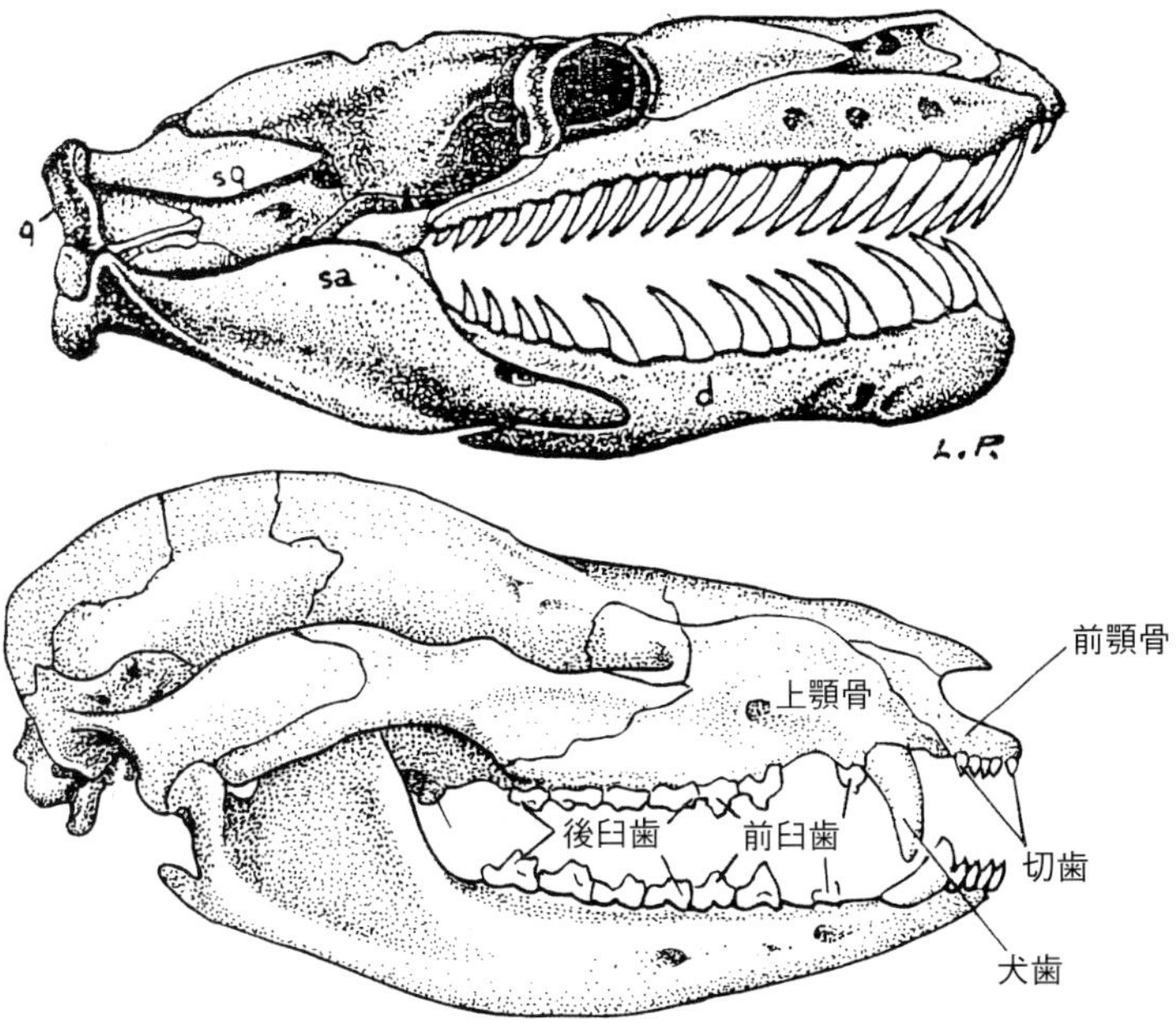

図3-1　同型歯性（上：ニシキヘビ（ローマー、1959）[1]を一部改変）と異型歯性（下：有袋類（Kardong, 1998）[2]を一部改変）

3－1）。

哺乳類の歯は、前から切歯（門歯）、犬歯、前臼歯、（後）臼歯に区別する。上顎切歯は前顎骨に生えており、基本は三対で、これと対応する下顎の歯が下顎切歯となる。犬歯は上顎骨の最前端の歯一対とこれに対応する下顎の歯であるが、歯冠（顎から露出してエナメル質におおわれた部分）は鋭い円錐形で、大きく発達し牙状になっていることが多い。日本の哺乳類では、とくに食肉類とイノシシでその発達が著しい。また、一般にオスのほうがメスのものより大きい。犬歯より奥にある歯は一括して臼歯とよぶが、前と奥で歯の形態が異なる場合、前臼歯と（後）臼歯とに区別する。一般に前臼歯は後臼歯より形態が単純であり、上下とも前臼歯四対、後臼歯三対が基本形である。げっ歯類など両者を区別できない場合は頬歯といったり、単に臼歯といったりする。クマでは第一から第三前臼歯が、イタチ科で第一前臼歯が退化傾向にある。

ほとんどすべての哺乳類の臼歯は、中生代の食虫類が持っていたすりつぶしと切断の機能を併せ持つトリボスフェニック型（破砕切断型）という臼歯に由来すると考えられている（図3－2）。この原型をもとに、食虫目、翼手目、霊長目などは噛み砕きとすりつぶしの機能の強調に向かい、食肉目は切断機能を発達させる方向へと進化した。また、有蹄類ではすりつぶし機能が強調された。

臼歯ばかりではなく、歯列全体が食性に応じてそれぞれ特別な構造と機能を持っている（図3－3）。食肉類（キツネなど）では動く獲物を確実に捕らえ、相手に致命傷を与えるため牙はより大きく鋭くなっている。他の歯も肉や骨を切り裂き砕くため鋭利な構造を有している。反芻類（カモシカなど）の切歯は草や木の葉の摘み取りに適し、また、臼歯は咬合面（咬み合わせ面）が平坦で複雑な起伏を持ち、高度なすりつぶし機能を持っている。げっ歯類（アカネズミなど）はノミのようなするどい切歯を上下顎に左右一対持っているが、それらは磨り減ってもいいように終生成長を続ける常生歯である。他の切歯および犬歯はなく前臼歯のほとんどあるいはすべてが消失している。また、ウサギでは上顎切歯が前後に二対（第二切歯とその後ろにある小さな第三切歯）あるが、前方の第二切歯は乳歯が永久歯化したもので切縁が鋭いノミ状になっている。下顎切歯は一対で第三乳切歯が永久歯化したものである。切歯、臼歯は常生歯であり、終生成長を続ける。

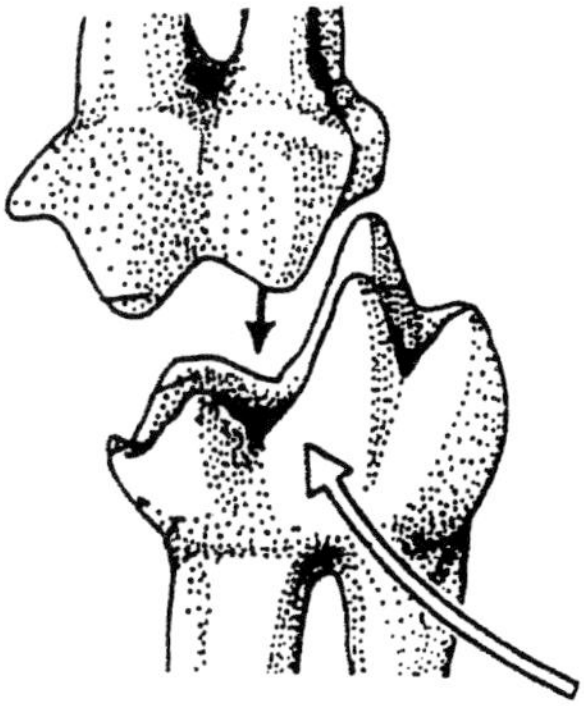

図3-2　トリボスフェニック型臼歯（大泰司、1998を一部改変）[3]。大泰司紀之『哺乳類の生物学第２巻―形態』東京大学出版会、1998より。

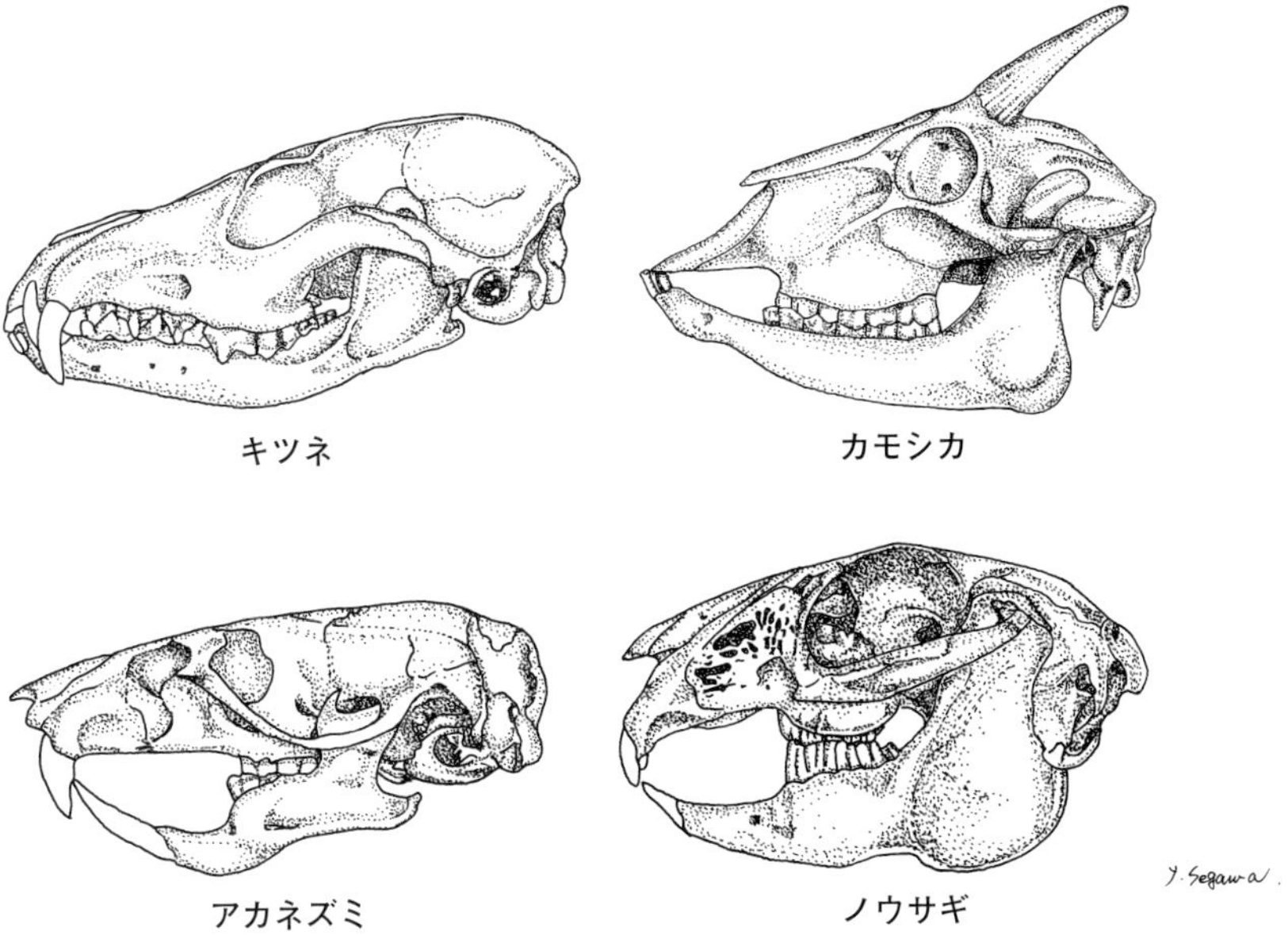

図3-3　様々に機能分化した歯（阿部、2000をもとに作図）[4]。阿部永『日本産哺乳類頭骨図説』北海道大学図書刊行会、2000より。

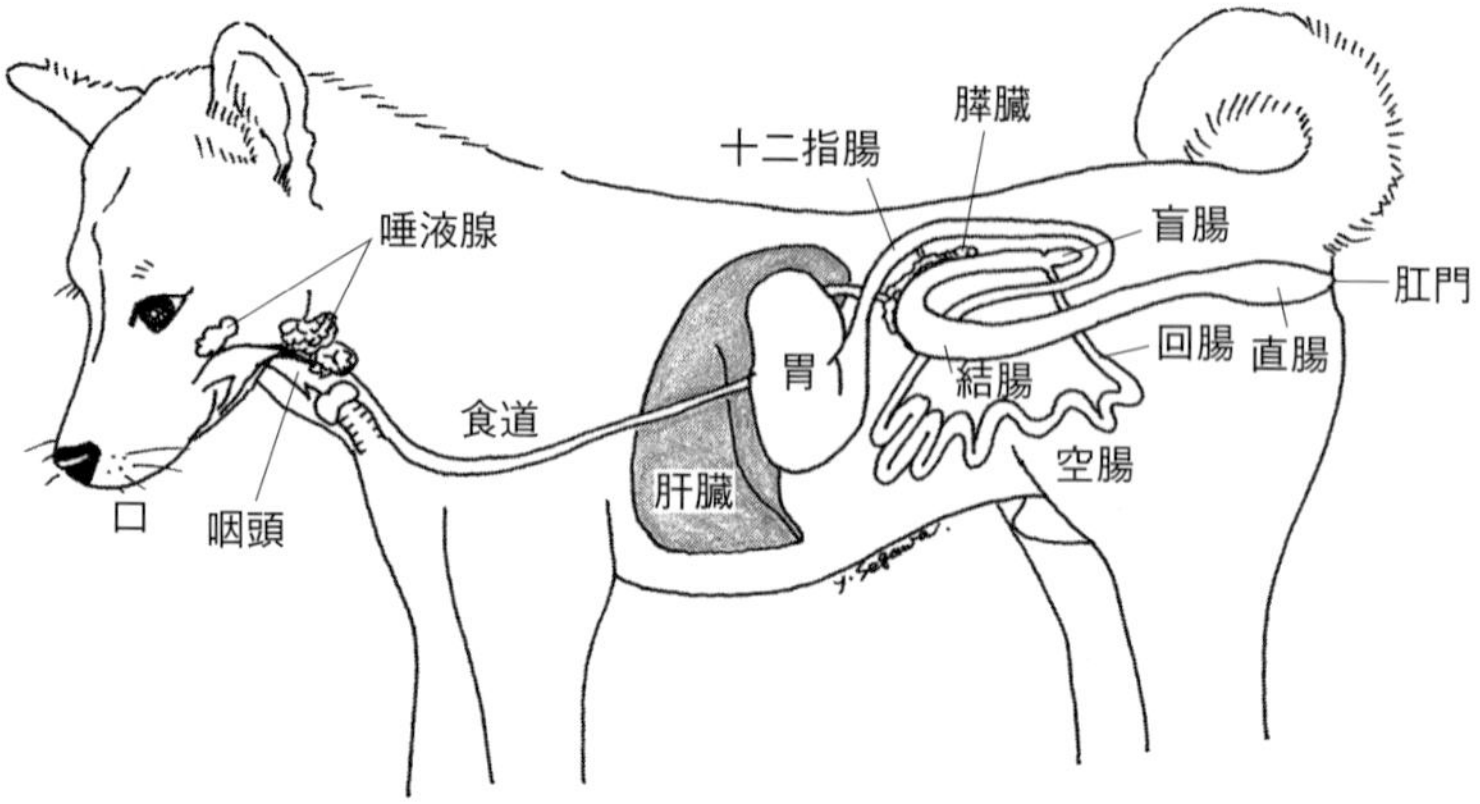

図3-4　消化器官の模式図。十二指腸から回腸までを小腸、盲腸から直腸までを大腸という。

消化と吸収の器官

消化管は口腔にはじまり、咽頭、食道、胃、腸とつながり、肛門で終わる（図3－4）。これらの器官で食物は機械的に破砕され、消化液、ホルモン、体内微生物の力を借りて化学的に分解される。この過程を消化といい、消化によって水溶性、拡散性の高い低分子物質となった栄養は主に小腸、大腸で体内に吸収される。植物繊維を多く含んだ食物を食べる種は小腸に比べて胃や盲腸、結腸が発達している。

消化はまず口腔からはじまる。口腔内には唾液腺（顎下腺、舌下腺、耳下腺）が開口し、消化液である唾液を分泌する。果実食のものは澱粉や糖分を分解するアミラーゼ、マルターゼの分泌が盛んであるが、肉食のものでは分泌を欠く。

胃が最初の真の消化器官であり、胃酸とともにペプシンの働きにより主にタンパク質の消化が行われる。また、口腔から胃につながる部分を食道というが、植食性哺乳類の中にはこの食道部分を微生物発酵のためのタンクに改造しているものがある。

腸は消化、吸収の器官であるが、消化の作用は通常、腸の前方部を占める小腸で終了する。小腸内部は絨毛とよばれる突起でおおわれているが、ここで栄養の吸収が効率良く行われている。大腸内部には絨毛がなく、ここでの主な機能は、水分や塩類の吸収である。また、植食性哺乳類には、微生物の働きにより大腸内で消化作用を継続するものもいる。

腸の長さは食性を反映し、植食性哺乳類では体長の二五倍、肉食性哺乳類では五倍程度である。長い消化管は食物の体内での滞留時間を長くし、消化率や吸収率を上げることにも役立っている。植食性哺乳類と肉食性哺乳類の腸の長さの差はとくに大腸の長短によっており、植食性哺乳類では小腸と大腸の比率がほぼ同じか、大腸が約三分の一を占めるのに対し、肉食性哺乳類では大腸は小腸の十分の一程度である。

また、小腸から大腸に移行する部分に盲嚢があり、これを盲腸というが、種によって消化に寄与している場合がある。その長さはやはり食性によって異なり、植食性哺乳類では小腸とほぼ同じ程度から五分の一程度である。また、動物食である食虫目の大部分、食肉目の一部や鯨目、シロアリ食いの有鱗目のほか、ヤマネなど盲腸を欠くものがいる。雑食性の霊長目では先端部が退化し、虫垂となっている。

腸付属の消化腺としては、腸壁内の小分泌腺のほかに肝臓と膵臓がある。肝臓は消化酵素の働きを助ける胆汁の分泌のほか、栄養物の貯蔵、解毒、血球の破壊など多種多様な機能を持っている。胆汁は胆管によって十二指腸に流れ込むが、普通は途中に胆嚢を持つ。奇蹄目、岩狸目、鯨目などは胆嚢を持たない。膵臓は、肝臓に継ぐ大型の消化管付属腺で、消化液である膵液の分泌と、血糖レベルの調整をするインシュリンとグルカゴンを分泌する機能がある。膵液は、膵管を通り十二指腸で分泌される。

3・2　森の骨格を食べる

森の骨格

陸上植物の細胞壁は高分子の炭水化物であるセルロースが主要成分となってヘミセルロース、クチンも加わり強度が高められている。そして、それが組み上げられることによって張りのある植物体ができあがっている。さらに、樹木の細胞壁にはフェノール性の高分子であるリグニンが多量に沈着し、植物体の支持強度はより高められ、盤石な森の骨格を作っている。大きな樹冠を支える樹木の幹のリグニン含量は二〇～三〇パーセントに達する。

その一方、これらセルロース、リグニンなどは、植物を食物とする哺乳類にとっては、自ら分解することができない難消化物質でもある。セルロース、ヘミセルロース、クチンについてはこれから述べるように、これを分解するための発酵室を消化管に備えている哺乳類もいるが、リグニンはどの哺乳類にも消化できない。植物体にこれらの難消化物質が増えれば、消化率が悪くなり、哺乳類にとっては質の低い食物ということになる。

食べたものがどの程度消化されるかは、消化率Y（パーセント）とよばれるが、粗繊維含量X（パーセント）に反比例し、次のような一次式で粗っぽく近似できることが知られている。[5] 粗繊維とはセルロース、ヘミセルロースのほとんどすべてと、リグニンの一部を指す。

$$Y = a - bx$$

（a、bは定数で、bはウシで〇七八一、ヒツジで〇九一九、ウマで一・一九六、ブタで一・二九三）

発酵タンク

植物食の哺乳類には、身体の構造に応じて、葉や草、樹皮などセルロース、ヘミセルロースなど繊維質に富んだ部分を食物とできるもの、果実、種子、花など繊維質の比較的少ない高栄養な部分をもっぱら摂取するもの、これらの一部といくらかの動物質を摂取するものがいる。

この中でも繊維質を栄養として利用できる哺乳類の消化器官の構造は特殊化している。日本の哺乳類でその代表はニホンジカ（写真3－2）、カモシカ、ウサギであるが、ニホンジカ、カモシカとウサギの間でも食物摂取のための身体構造は大きく異なる。

まず、咀嚼器官を見てみよう。シカ、カモシカの歯には葉や草を摘み取る機能が必要であるが、上顎には切歯がなく、歯茎が肥厚し硬くなっている。一方、下顎は、犬歯も切歯状になり、犬歯と切歯の左右合わせて八本の歯が鋭い切縁（歯先）をそろえて弧状に並ぶ（図3－5）。上顎の歯茎と下顎の切歯の関係は、ちょうど俎板に包丁を当てる感じになるのだが、包丁ほどの切れ味はないので、草や葉はむしり取られ、食痕はささくれだって植物の繊維がばらばらと見える。また、咀嚼するための臼歯はすりつぶしに適したように咬頭が低く、顎関節も左右の動きが可能になっている。

写真3-2　反芻動物のニホンジカ（岩手県五葉山）

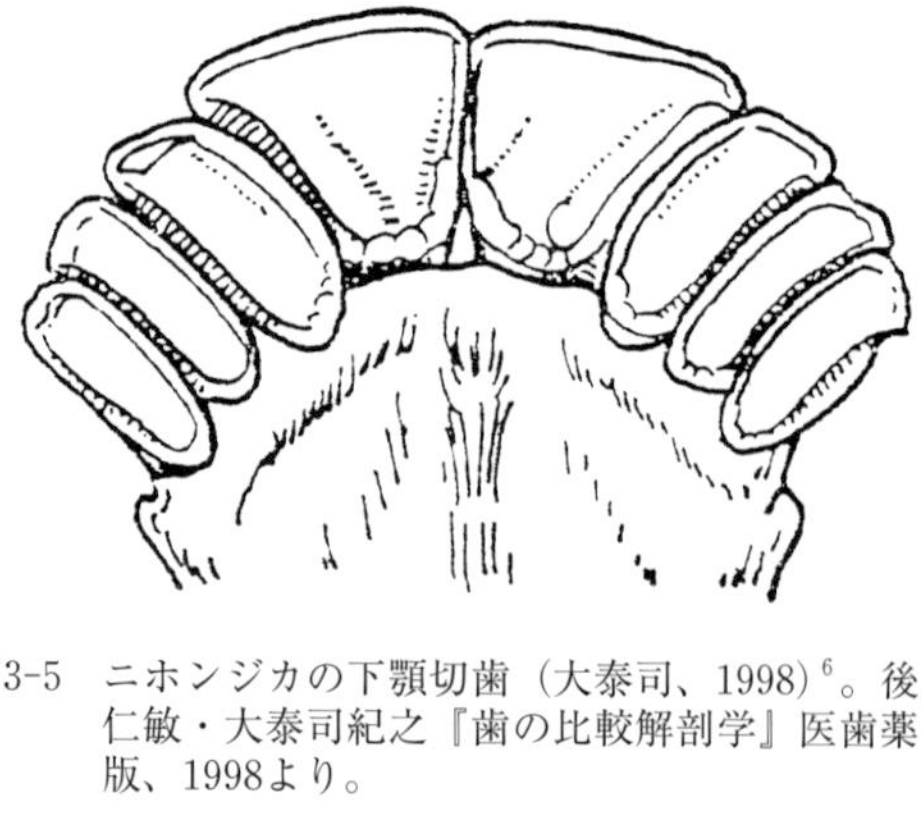

図3-5　ニホンジカの下顎切歯（大泰司、1998）[6]。後藤仁敏・大泰司紀之『歯の比較解剖学』医歯薬出版、1998より。

摘み取られ咀嚼された草は消化器官に送られるわけだが、これらの哺乳類は食道の末端を発酵タンクに作り変えた。発酵タンクには細菌類や原生動物が生息しており、よく砕かれた植物体はこれら微生物の力を借りて分解され、酢酸、プロピオン酸、酪酸など多様な揮発性脂肪酸（ＶＦＡ）が作り出される。さらに、微生物そのものが増殖し、その死骸は良質のタンパク質として消化吸収される。発酵タンクはそこに棲む微生物の側から見れば、餌が自動的に供給される自動給餌機であり、植物食の哺乳類、微生物の双方にメリットがある相互作用なので、両者の関係は相利共生といえる。

このような消化管を持つ哺乳類は「胃」内容物を口に戻して咀嚼しなおし、再び飲み込む反芻を行う。このような仕組みは実際どれほど消化率の向上に役立っているのだろうか。反芻動物であるヤギと単純な消化管を持つブタに比較的消化の良いトウモロコシを食べさせ、粗繊維の消化率を見たところ、ヤギで一〇〇パーセント、ブタで五三パーセントと大きな違いがあった。[7]

繊維質の多いものでも効率良く消化できる反芻動物であるが、逆に、あまり消化率の高いものをとると病気になることがある。というのは、反芻動物が繊維質の少ない水溶性糖類やデンプンなど発酵しやすい成分を含む穀類などの食物を多量に摂取すると、急激な発酵により多量のＶＦＡや乳酸が生成し、発酵タンク内が酸性化する。また、反芻は形状の粗い食物の物理的刺激によって開始されるが、その回数も少なくなり、発酵タンク内を中和する働きを持つ唾液の分泌が少なくなる。そうなると、主要なセルロース分解細菌は酸性に弱いので、発酵タンクが正常に機能しなくなるのだ。[8]

日本の野生哺乳類では、ニホンジカ（シカ科）とカモシカ（ウシ科）のみが反芻動物であるが、哺乳類を広く見渡すと、偶蹄目のうち、イノシシとペッカリーの二科を除いたカバ科、ラクダ科、マメ

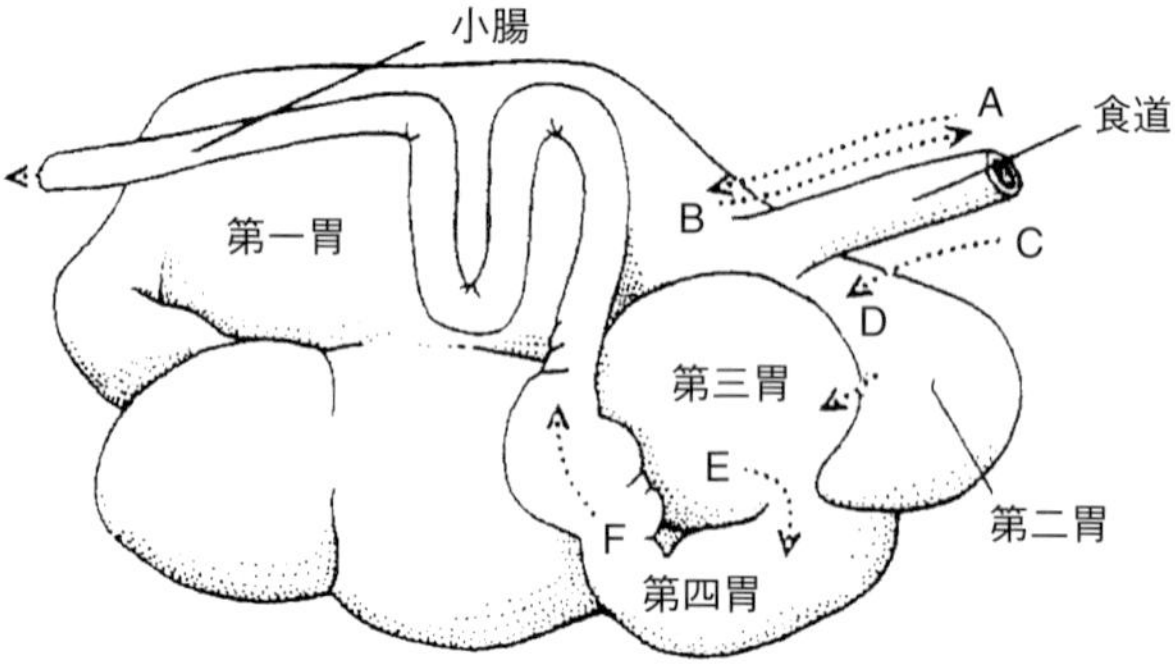

図3-6　反芻類の胃の模式図（Vaughan *et al.*, 2000 を一部改変）[9]

ジカ科、ジャコウジカ科、シカ科、キリン科、プロングホーン科が該当する。

それでは、ニホンジカとカモシカの発酵タンクを少し詳しく見てみよう。彼らは胃とよばれる部分を四つ持つ。口に近い部分から第一胃 rumen、第二胃 reticulum、第三胃 omasum、第四胃 abomasum とよばれる。第一胃から第三胃には分泌腺がなく、まとめて前胃ともいう。第四胃が人間の胃に相当し、塩酸の分泌による消化吸収の役割を果たしている。また、第一胃と第二胃はまとめて反芻胃ともよばれ、細菌や原生動物が生息する発酵タンクとなっている（図３－６）。

第一胃は瘤胃ともよばれ、内壁に絨毛が発達し、四つの胃の中では最大の容積を持つ。摂取された植物はここで多量の唾液と混ぜられる。唾液には血流に由来する窒素分が尿素のかたちで入っており、細菌類や原生動物の増殖に利用される。第一胃では、微生物発酵によりＶＦＡが産出され、エネルギー源として上皮を通して吸収されている。

第二胃の内壁には六角形の浅いくぼみが蜂の巣状に並んでいるので蜂の巣胃とも、網胃ともいわれる。ここでも発酵が進み、生産された微生物タンパク質やビタミンなどは、第二胃底部にある乳状の突起から一部吸収される。

この第二胃は第一胃と通じるとともに、噴門部を経由して食道ともつながっている。また、第二胃の胃壁は発達した筋肉でできており、強力な収縮力を有している。反芻は第一胃や噴門部の粘膜に粗い植物片が接触すると誘発され、第二胃の収縮によりその内容物が食道に送り込まれ、食道の蠕動運動で口腔内に吐き戻されるという機構で行われる。その時、耳下腺からアルカリ性の唾液分泌が盛んになり、第一胃の内容物の酸化が防がれ、微生物の安定した活動が保たれる。第二胃にある内容物が反芻ではなく発酵作用をさらに必要とするときには第一胃へと戻される。

第二胃に続くのは第三胃でＶＦＡの吸収場所であるとともに微生物の集積場所でもある。内面が木の葉状の襞でおおわれているので葉胃ともいう。弁が重なっているという意味で重弁胃ともよばれる。第一胃から送られてきた微生物体と生産された物質が混じった粥は葉と葉の間をゆっくりと流れ下り、発酵が進むとともにＶＦＡ、塩類、水分が吸収される。反芻の後に飲み込まれた食物は、微生物の要求を上回るタンパク質があれば、発酵による無駄な分解から守るために網胃溝という溝を通じて第一胃や第二胃は通過せずに第三胃を経、第四胃に送られる。反芻動物ではもっとも原始的だとされているマメジカ科やラクダ科は第三胃を持たず、胃は三室に分かれている。第三胃は、反芻類の進化の過程ではもっとも後に発達したと考えられている。

第三胃からの食物は第四胃に送られる。第四胃の内面には螺旋状の襞粘膜が小腸との境である幽門に向かって伸びており、第四胃を皺胃、または真正胃ともよぶ。第四胃では胃酸が多量に分泌され、微生物体はすべて殺されて、微生物タンパク質となる。こうして消化された食物は胃の幽門部を通っ

写真3-3　ノウサギの子（岩手県玉山村）

て小腸、大腸に送られ、吸収される。

糞食　これに対し、ウサギ（写真３－３）の場合は鋭利な切歯を上下の顎に持ち、植物の葉や茎ばかりでなく、木の皮や枝をナイフで切るように噛み取ることができる。ウサギの胃は反芻動物のように複雑化していないが、小腸と結腸のつなぎ目に大きな盲腸を持ち、そこに微生物を蓄え、微生物的消化を行う（図３－７）。

盲腸に流れ込んだ食物はそこで微生物の作用を受けるが、蠕動運動により結腸部分に押し出される。結腸では押し出された食物のうち繊維質の多いものはそのまま先に送られ、発酵に適した微細なものと微生物は盲腸に戻され、発酵をじっくり行うことになる（結腸分離機構）。一方、粗い繊維質は結腸を通り抜け硬糞となって排出される[10]。

微生物の作用により盲腸の内容物はタンパク質やビタミンに富むが、これは軟糞となって排泄される。ウサギは軟糞を肛門から直接口に受け、摂取す

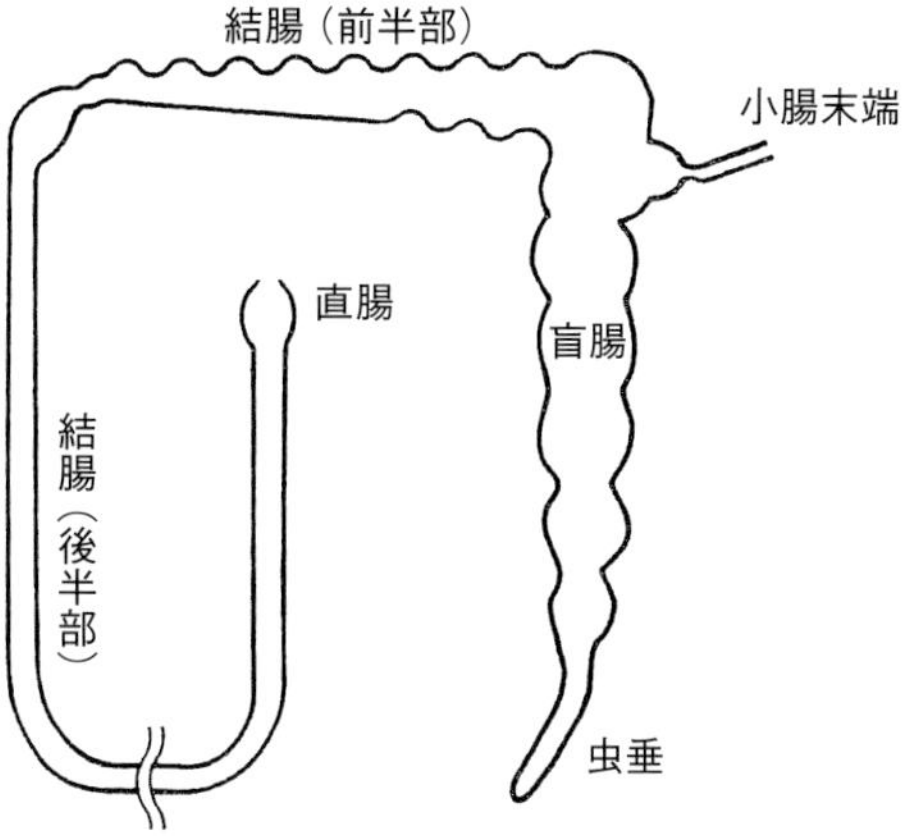

図3-7　ウサギの消化器官（小腸末端から直腸まで）模式図（平川、1995）[10]

る。一方、消化しにくい繊維質は硬糞として排出されるが、この硬糞も主に日中に排出されるもの（一日に排出される硬糞の四分の一）は摂食される。ウサギは夜間に活動して、日中は休息するという日周リズムを持っているが、昼の間は硬糞や軟糞を、夜間は新鮮な植物を食べている。

ウサギ類以外に糞食をする動物には有蹄類のハイイロリングテイル、げっ歯類のハタネズミなど数種が知られている。いずれも小型の動物であり、消化器官を大きくしたり、長くしたりすることによって消化、吸収率を上げるには限界があり、未消化物を肛門から直接食べて再度消化することによってこの問題を解決しているのだと考えられている。

3・3　森の実りを食べる

雑食性哺乳類

ヤマネ、ニホンザル、クマなど動物質から植物質のものまで多岐にわたるものを食物とする哺乳類がいる。食物の種類は広範囲だが、彼らが好む食物に共通する特徴は繊維質が少なく比較的高栄養なことである。たとえば、ニホンザルがもっとも好むのが果実、種子、木本や草本の若葉であるが、いずれも成熟葉や樹皮、冬芽など他の採食品目に比べるとタンパク質含量や炭水化物含量に比して粗繊維含量が少ない[11]。

彼らの咀嚼器官や消化器官は特殊化していないのがその特徴であり、歯の咬頭は比較的単純だが、硬いものが噛み砕けるようにエナメル質は厚く、切断の機能も果たせるようある程度鋭さも備えている。結腸や大腸でいくらか微生物発酵を行っていると考えられているが、発酵タンクともいえるような特殊化した消化器官を持っていない。また、唾液中のアミラーゼ活性は食性に対応しているが、デンプンや糖を多く摂取する動物は高く、肉食や植物性繊維を主食とするものでは低いか存在しない。樹上は葉も多いが果実など繊維質の少ない食物が豊富にある場所であり、樹上への活動場所の拡大も彼らの特徴である。

高栄養の食物はいつでもどこにでもあるものではないので、彼らはそれを上手に効率良く探し出し、また選択するための知能や行動を発達させている。もちろん食道末端や盲腸が発酵タンクとなっている哺乳類にも選択的な採食は見られるが、その他の哺乳類の食物探索や食物選択の行動はより高

写真3-4　ネズミなどの捕食者キツネ（岩手県岩手山）

度である。霊長類にも発酵胃を持ち葉食に特殊化した葉食者と単純な消化管を持ち果実を中心とした繊維質の少ない食物を選択する果実食者がいる。この霊長類を対象に、脳の新皮質の大きさと食物の関係が調べられたところ、果実食者は葉食者に比べ大きな新皮質を持っていることが示された。[12] より広い行動域を持ち、時間的に質や分布の変化する食物を探索しなければいけない果実食者は葉食者より空間についてより高度な情報処理をしていることが推測される。

捕食者たち

捕食者は、植物食の動物を食べることによって間接的に森林を食べている栄養段階の上位の哺乳類である（写真3－4）。彼らは、捕食によって植物食の動物の行動や数を制御し、種の多様性や森林のあり方に間接的な影響を与えている可能性がある。

捕食者とは食虫目、翼手目、食肉目の哺乳類を具体的に指す。食虫性の哺乳類はトリボスフェニック型の臼歯を保っている。食肉目では、切り裂き機能が強化された歯を持ち、上顎第四前臼歯、下顎第一後臼歯が烈肉歯（図1－14参照）としてとくにその機能を強化されている。

高栄養で消化のしやすいものを食物とするため、消化管は単純で短い。とりわけコウモリは体重を軽くするために、早く排泄する必要があり、とくに短い消化管を持っている。

彼らの食物のもう一つの特徴として、確保しにくいことがある。つまり獲物は逃げ隠れするし、場合によっては反撃もする。また、蓄えておくことも難しい。食肉類の獲物がとくにそうである。彼らは、鋭い歯と爪、強い筋力を備え、かつ高い知能で待ち伏せや仲間と共同行動を行うことにより、それを克服している。

3・4　森を食べつくす

洞爺湖中島

一般的には、森林の植物生産に対する動物による被食量はわずかで、森林に与える影響は問題にならないくらいであると考えられる。しかし、ニホンジカの採食活動は、時に、森林が退行するほどの影響を与えることが知られている。

北海道の洞爺湖中島（総面積五・二平方キロメートル）ではニホンジカの個体群の変化にともなう植生の変化が継続的に観察された[13,14]（図3－8）。

洞爺湖中島には一九五〇年代から一九六〇年代にかけて三頭のニホンジカが持ち込まれ、その後増加を続けた。調査が開始された一九八〇年の個体群密度は一平方キロメートル当たり三二頭であり、

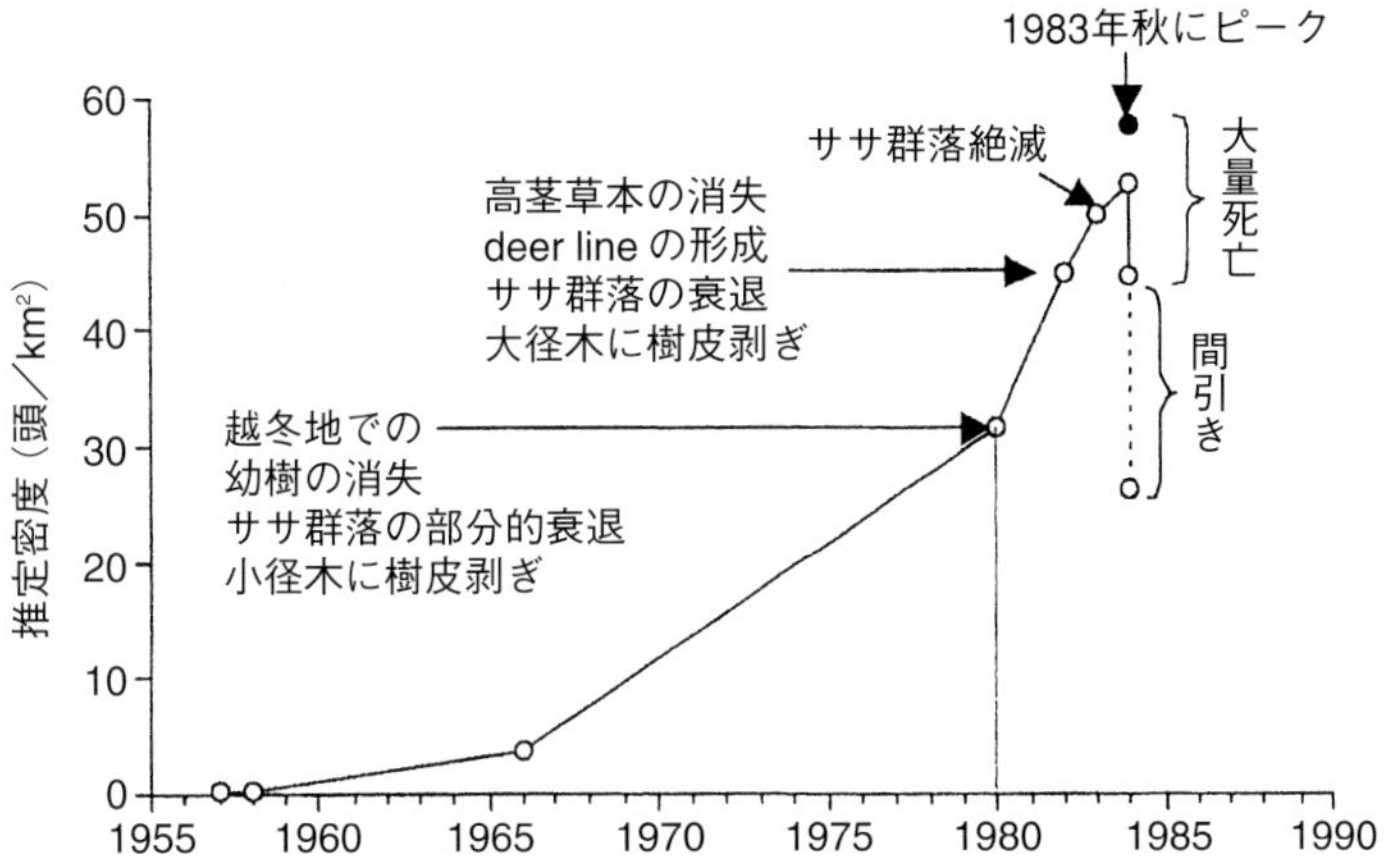

図3-8　洞爺湖中島のニホンジカの個体群動態と植生変化（梶、2003）[14]

越冬地でササ群落の衰退（チシマザサ *Sasa kurilensis* の枯死とクマイザサ *Sasa senanensis* の部分的衰退）が見られるとともに、稚樹が消失し、小径木の樹皮剥ぎが一部で起こった。

一九八二年にはニホンジカの密度は一平方キロメートル当たり四五頭となり、エゾニュウ *Angelica ursina*、オオイタドリ *Polygonum sachalinense*、ヨブスマソウ *Cacalia hastata* などの高茎草原が消失し、クマイザサも消失、ハイイヌガヤ *Cephalotaxus harringtonia* やハンゴンソウ *Senecio palmatus* などの不嗜好性植物が増加した。また、ニホンジカがよく利用した広場はシバ草原に変わった。冬までにはニホンジカの口の届く範囲、地面からの高さ約二メートル以下の下生えと樹木の下枝の葉が消失するとともに、大径木にも樹皮剥ぎが見られるようになった。

一九八三年秋には個体群密度は一平方キロメートル当たり五八頭とピークを迎え、ササ群落が消失した。

一九八四年冬には厳冬と食物不足が重なって大量死

図3-9　森を食べるニホンジカ

亡が起こり個体群密度は一平方キロメートル当たり二六頭に減った。栄養不足を反映し一九八四年の体重は一九八二年と比べるとオスで二五パーセント、メスで一二パーセントの減少を示した。また、オスでは角の小型化が進んだ。

シカによる森林衰退

ニホンジカの高い採食圧下にあっても森林が維持されることもあるが、その種組成は大きく変化するようである。

ニホンジカの採食圧がないブナ林では通常ギャップ更新によって種の多様性は高まることになるが、ニホンジカが高密度で生息する丹沢のブナ群集の林冠ギャップでは、光環境の好転をとらえて高い速度での成長が可能で、かつニホンジカの不嗜好植物であるオオバアサガラ *Pterocarya rhoifolia* のみが更新し、それ以外の実生が採食により消失するという種組成の単純化が起こっている。[15]

この二つの例だけではなく、各地でニホンジカによる森林の退行、種組成の単純化が観察されている。北海道知床[14]、岩手県五葉山[16]、栃木県日光[17]、宮城県金華山島[18]、神奈川県丹沢[19]、奈良県春日山[20]、奈良・三重県境の大台ヶ原[21]、長崎県対馬[22]など、事例を枚挙にするに困らない（図3-9）。

高槻成紀さんは、ニホンジカによる植生の変化をおおよそ次のように一般化している。[23] ニホンジカはイネ科などの草本から、ササ、木の葉、ドングリなど約一〇〇〇種類もの植物を幅広く採食するが、植物の種類や部位によって採食の嗜好性が異なることが知られている。

ニホンジカはまず嗜好性の高い食物から採食するので、ニホンジカの個体数が多いところでは、たくさんのシカによる採食で嗜好性の高い植物が減少し、代わって不嗜好性の植物が増加していく（写真3-5）。

また、林床の見通しが良くなることが知られている。ニホンジカの口の届く範囲の下生えと樹木の下枝の葉が真っ先に採食され、消失していくからである。このようにニホンジカの採食によって樹木の下枝の葉群が刈り揃えられたようになった状態をディアラインという（写真3-6）。この状態では、マント群落もなくなり、林内の乾燥化が進む。

さらに食物不足が進むと生木の樹皮が剥がされ食害を受けることになる。全周を剥皮された樹木は枯死し、代わりに育ってくる実生も食べ続けられるので更新は行われず、森林は衰退することになる。ニホンジカの採食に対し比較的強いササ類もこの時点では大きな影響を受け衰退し、土壌が流出し、河川や海にも影響を与えることがある。

写真3-5　ニホンジカが作った景観。牧場跡地だが、森林は再生せず、シカが嫌いなヤマツツジが残った（岩手県五葉山）。

写真3-6　ニホンジカが作った景観。ミヤコザサ以外下層植生に乏しい。また、ディアラインができている（奈良県大台ヶ原）。

落ち葉もごちそう

生息地が開放系で、ニホンジカがより良い食物環境へ移動することができる場合には、不嗜好性の植物が増えた後は、ニホンジカが採食場所を変えればいったん壊滅した植物であっても復活する余地はあるだろう。[24] しかし、生息地が閉鎖系である場合にはこのようなシナリオはありえないようだ。この場合には、植生への影響がより過酷になることが、やはり洞爺湖中島の継続調査から明らかになってきた。

洞爺湖中島では、個体群崩壊後は、嗜好性の高いササの現存量が減少する一方で、それまでニホンジカに食べられず分布を広げていたイヌガヤ、ハンゴンソウ、イケマ *Cynanchum caudatum* などが冬の食物として食べられはじめた。さらに、それまで冬の食物であった落葉が一年を通じて主要な食物となった。落葉はシカの食物として意外と有用なようだ。[25-27]

この島の一九九〇年代のニホンジカの体重はほぼ崩壊時の水準で維持され、[14] 個体群密度は一平方キロメートル当たり三八頭をつねに超えていた。[27] ただし、ニホンジカは地面近くの背の低い草本や落葉を食べるため土も一緒に口に入れるので歯の磨耗が激しく、今後、消化率の低下などから死亡率が高まる可能性が予想されている。

ニホンジカがこのように植生に大きな影響を与えうるのは、前章で述べたように、彼らが植物の骨格であるセルロースを分解できる発酵タンクを消化器官に備えていることに加え、彼らの繁殖力や社会性が関係している。

まず、繁殖力である。当たり前のことだが毎年の出生数から死亡数の引き算によって個体数の増減が決まる。メスが何歳から出産可能となり、いつまで毎年どのような率で出産するか（齢別出産率）、また一回に何頭産めるか（産子数）と、何歳の個体がどのような割合で死亡するか（齢別死亡率）が重要である。ニホンジカでは産子数は一頭で、栄養状態がよいと満二歳から一二歳ころまで毎年出産できる潜在的な繁殖能力を持つ。また、年齢ごとの死亡率は〇歳がもっとも高く、成長するにしたがって減少し、成熟するとほぼ一定である。地域の条件によって多少異なるが、メスで一五歳程度、オスで一二歳程度まで生存する。[28]

個体群変動に大きな影響を与えているのが〇歳の死亡率で、とくに誕生後最初の冬を生き延びることができるかどうかが関係している。したがって、近年の暖冬は〇歳の死亡率を下げ、個体群の増加に寄与していると考えられている。さらに、草地開発や森林伐採による食物環境の好転、また、狩猟者の減少による捕獲圧の減少がニホンジカの個体数増加の背景にあると推測されている。

さて、社会性の問題だが、オスが秋の交尾期に一時的に持つなわばりは別として、ニホンジカは母子を核とした母系の集団で生活し、そのような集団が食物条件に応じて離合集散する排他性の弱い社会構造を持っている。そのような社会性ゆえに積雪地帯の越冬地では一平方キロメートル当たり一〇〇頭を超す密度になることもある。成獣で毎日乾燥重量一キログラム程度の草や葉を食べるので、そのようなところでは、大変高い採食圧がかかることになる。

この社会性の影響は、同じような体格のカモシカと比べてみればよく理解できるだろう。カモシカはニホンジカと同じ反芻動物であるが、ニホンジカのように森林生態系に大きな影響を与えた事例はない。カモシカは基本的に単独生活者で配偶者や幼齢の子供以外は原則排除するなわばりを形成するので、造林地でもほぼ一定の個体群密度が保たれ（下北半島では一平方キロメートル当たり一〇〜

一五頭)[29]、局所的に過度の採食圧をかけることはないと考えられるのだ。

3・5　植物による被食耐性と被食防衛術

不要の要

森林の植物はそこに生活する哺乳類の食物資源として重要であるが、植物の側から見れば、一定以上食べられるとそれは死滅を意味する。植食性哺乳類は植物の生存にとって脅威であり、植物は食べつくされないように、防御のために化学物質を備えたり、被食に強い形態をしたりしている場合がある。また、採食されてもそれを補う成長が可能な体制を持っているものもある。

このような被食への耐性や防衛の道具立ては、その本来の機能やそのようなものを備えるようになった進化的背景については不明なことが多い。不要なものがいつの間にか有用なものに転じていくのも進化の道筋の一つである。また、植物食の動物の中でも昆虫による採食は植物の歴史の中では哺乳類との関わりよりも古いと考えられるので、哺乳類への防衛法の中には昆虫の採食に対する防衛法を代用したものもあるだろう。ガマズミ *Viburnum dilatatum* の葉が、ニホンジカにより硬くなり、昆虫による食害が減少したことが報告されている[30]が、何かそのような進化の過程を想像させる事例である。

被食耐性

まず、食べられることへの耐性である。ササ類は地下部を発達させることにより、大事な養分は地下に貯蔵している上に引き抜かれにくくなっている。このように採食されることへの耐性が一般に高いと考えられるササ類の中でも、太平洋側の寡雪地帯の林床に生えるミヤコザサ *Sasa nipponica* はとくに採食に強い特徴を持っている。これ以外のササでは、新しい芽は稈の途中から生えてくるので、食害にあいやすいが、ミヤコザサの成長芽は地際にあり、ニホンジカによる採食から免れることができ、そこから葉を再生できるのである。これは、もともとは寒冷かつ寡雪地帯で乾燥と低温から成長芽を守るために進化した形態だと考えられている。

このミヤコザサであってもニホンジカの過度の採食によって葉と稈が小型化すること、さらに、過度の採食が進めば踏みつけによる害もともなって退行し、シバ植生などに遷移する場合があることが知られている。シバはササと同様イネ科植物であるが、イネ科植物は成長点が地際にあるので採食に強い。その中でもシバは草丈が低く採食による損失はさらに軽減される。また、日照をめぐる競争にはシバより強いがニホンジカの被食に弱い丈の高い植物が採食により除かれることによって日照条件もよくなってシバの優占性が増すことになる。[23]

また、樹木の樹皮も採食の対象となるが、剥皮への耐性も樹種によって異なる。スギ、トウヒなど針葉樹では、全周剥皮されると比較的短期間に枯死にいたるが、リョウブやヒメシャラでは、全周剥皮されても生き延びている木を見ることがある。樹皮・内樹皮にかけての水分や養分の通導組織の構造や配置の違いなどが関係している。

物理的防衛

次いで、形態的な被食防衛の方法であるが、刺や植物の表面をおおう微毛の中には植物体を被食から守る装備として働くものがある。たとえば、カンコノキ *Glochidion ovovatum* では採食の影響を受ける部位でトゲ密度が高くなることが知られているし、ニホンジカの多い金華山島ではダキバヒメアザミ *Cirsium amplexifolium* の刺が、ニホンジカの生息しない地域のものより非常に鋭くなっているという。[31] 防衛のために形態を変えたり、特別な物質を作ったりするためのコストと、成長や存続のためのコストには拮抗的な関係が存在する。これらは食害の危険性に応じて防衛機能を上げる誘導性が見られるという例でもある。

化学的防衛

とくに刺や毛など防衛形態を有していないのに、哺乳類の嗜好性の低い植物は、体内に特別な化学物質を持つことによって被食を免れようとしている場合が多い。被食防御のための化学物質は、消化を阻害する物質、毒として作用する物質であり、二次代謝産物（二次化合物）とよばれる。

ニホンジカの不嗜好性植物の中では化学的防衛を行っているものは、草本類では被食耐性の体制を持っている単子葉植物よりも双子葉植物に多いこと、単子葉植物であっても広葉のものに多いこと、木本類では採食に遭遇する頻度が多いことを反映して、高木種よりも低木種に多いことが指摘されている。[23]

消化を阻害する物質であるが、イネ科植物に含まれる珪酸は反芻胃の微生物に有害であり、珪酸の含有量は採食を受ける場所のものが高いことが知られている。[32] また、タンニンは、たいていの植物に含まれているが、消化酵素や食物のタンパク質と直接結合するのでタンパク質の消化、吸収をさまたげる。さらに、発酵タンクを持つ動物にあっては、消化管内の微生物を殺したりセルロース分解酵素であるセルラーゼの活性を低くしたりして微生物消化をさまたげる作用もある。[33]

タンニンには毒性もあり、直接消化器官に潰瘍や細胞壊死を引き起こすこともある。[34] さらに、その過剰摂取により死にいたる場合もあり、ネズミを用いた実験ではタンニンが九パーセント程度含まれる餌で七五パーセントの個体が死亡したことが報告されている。[35]

タンニンなどのフェノール類のほかに、テルペノイド（サポニンなど）、アルカロイド、シアンも毒性を持った二次代謝産物としてあげられる。サポニンはトチノキ、エゴノキの種子などに含まれ、アルカロイドはトリカブトの毒やニコチンが有名である。ウルシやイラクサで見られるように接触によって炎症を起こす毒もある。

以上のような二次代謝産物の生産は、植物の生活史とも関係している。成長が早い遷移初期に生える種は成長の初期にのみこの物質を作り、これに対して成長の遅い樹木では、二次代謝産物を一生産し続ける傾向がある。常緑樹と落葉樹では、寿命の長い常緑樹の葉のほうが二次代謝産物の含量が多い。[36] また、種子は食べられては困るので二次代謝産物を含有しているものが多い。[37]

解毒術

このような植物が作る毒素に対して動物は様々な対抗術をとっている。まず毒素の少ない部分を選択的に食べるというのが常套手段だ。ゴリラでは、食物の採食部位が植物種によって異なるが二次代謝産物の含量は採食される部位のほうが採食されない部位より少ないことが確認されている。[38] また、一日に多種多様な食物を食べるサルはそれぞれの植物が作る様々な二次代謝産物を過剰摂取しないよう、少しずつ多様に食べるのだとも考えられている。[39]

動物の体内には毒素を無毒化する機能もある。発酵胃を持つ哺乳類では、微生物がアルカロイドを無毒化してくれる。[40] また、タンニンについては無毒化のために別の手段がある。動物によっては唾液に含まれる糖タンパク質やプロリンの多いタンパク質（ＰＲＰ）をタンニンと結合させ、不活性化するという方式をとっているものがいる。[41] 島田卓哉さんらはアカネズミにおいてタンニンの摂取によって唾液中のＰＲＰ生産が誘導されることを確認している。[42] さらに、タンニンと結びついてしまったタンパク質を再び利用できる状態に戻す腸内細菌（T-PCDE: Tannin-protein complex-degrading enterobacteria）が存在することが複数の哺乳類で発見されている。[43]

そのほか、タンパク質の多い食物をとることによって、タンパク質とタンニンを結合させ無毒化するという場合や、タンニン摂取で不足するナトリウムやタンパク質を他の食物から補ったり、土食いをして毒性から消化管を守ったり、多様なものを食べることによってタンニンの影響を薄めたりしているなどの可能性もある。

個体数変動

哺乳類の個体数変動の原因は、食物ばかりではない。そのほかに気候、捕食者など外的な原因と、ストレス、攻撃的な性向など行動を支配する遺伝子頻度の変化、血縁個体の空間分布の変化などの内的な原因、およびそれらの複合があると考えられている[44]。

個体群密度の変化にしたがって作用が変わる性質を密度依存性というが、内的な変動要因は密度依存的に効果を発揮する。また、密度依存性には、密度の変化にすぐ反応する場合と、密度効果が遅れて現れる「遅れの密度依存性」がある。密度依存性は個体群を安定化する性質を持っているが、「遅れの密度依存性」は個体群を大きく変動させる効果がある。

日本の哺乳類で長期研究に基づき個体数変動の

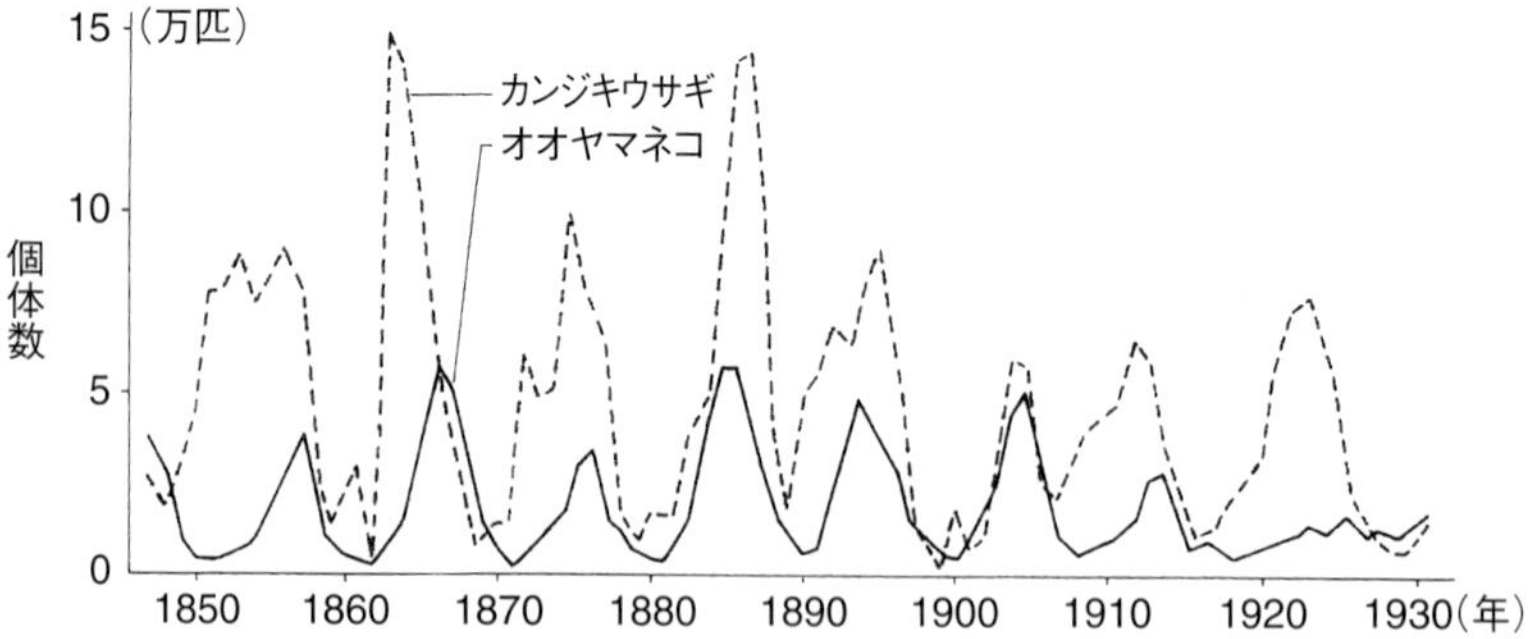

図3-10　カナダ北方で見られた捕食者（オオヤマネコ）と被食者（カンジキウサギ）の周期的な個体数変動の例。ヤマネコの個体数がウサギの個体数の変動を追うように約10〜11年周期で変動している。

実態が明らかにされた例は少ない。北海道洞爺湖中島のニホンジカでは個体数増加の後、食物をほとんど食べつくした時期にきびしい冬が訪れ、個体数の激減が起こったこと（３章）、宮城県金華山島のニホンジカ[45]や白山、金華山、日光のニホンザルでは寒さや積雪が原因して大量死が起こったことが報告されている[46]。

また、鹿児島県屋久島の西部海岸地域はニホンザルの個体群密度がかなり高い地域であるが、群れの消滅や大量死が起こっており、食物の欠乏ないし感染症が原因した可能性が疑われている[47]。さらに、宮城県の金華山島ではニホンザルの個体数が一九九四年を最大として下降気味であることが報告されている[48]。

エゾヤチネズミにおいても二〇年以上にわたって個体数変動の実態が明らかにされており、社会生物学と個体群生態学の融合を図ることによってその原因を究明する努力がなされている[49]。

4章
森と生きる獣たち

4・1　生態系での機能

歪められた生態系で

哺乳類は森林を一方的に利用するばかりではない。彼らは森林生態系の維持にとって欠かせない存在でもある。たとえば、種子散布である。樹木の繁殖にとって種子が発芽や成長に好適な場所へと運ばれることが重要だ。樹木の中には種子に果肉をまとわせそれを哺乳類に積極的に食べてもらい、種子を排泄してもらうことによって目的を果たすものがある。余談だが、私たちの食卓に上る果物や実野菜の基になっているのは、そのように野生動物との共進化によって生み出された果肉を発達させた野生植物である。

3章で「森を食べつくす」哺乳類として取り上げたニホンジカも、根っからの森林生態系の破壊者ではないだろう。ニホンジカが少なくとも数十万年間、日本の森林植生とともにあった野生動物の一つであることを忘れてはいけない。

人間による自然への大きな撹乱がなかった時代には、ニホンジカは適度の採食により樹木の実生を被陰するササを減らし、糞尿による施肥効果でもって森林の更新をうながすこともあったのではないだろうか。日本の植生が「本来」どのようなものであって、その中でニホンジカがどのように生活していたのか、様々な手がかりから推測するしかないわけだが、はっきりといえることは、現在のニホンジカによる森林衰退の問題は、生態系が人為によって大きく歪められた状況下で起こっているということである。

ニホンジカを捕食していたオオカミを絶滅させたのは誰か、森林生息地の中に草地や造林地を作り彼らの食物を増やしたのは誰か、新生児の冬季死亡率を下げるように作用する地球温暖化の原因を作ったのは誰なのか。すべて私たち人間である。現在のシカ問題は、「不自然」な状況の中でシカが本来発揮してきた生態系機能が暴走して起こっていることのように思える。

現在、人間の影響によって失われたり、変質したりしている生態系機能は多いと考えられる。ニホンジカの問題は、その影響が私たちの眼に見えている例だと思われるが、顕在化しないまま症状が進み、あるとき急に大きな病として私たちの生活に立ちはだかるものもあるに違いない。そのようなときが来ないようにするためにも、哺乳類が生態系の中で本来持つ役割について考えてみよう。

海と森をつなぐ

生態系はエネルギーや物質の系の内外への出入りや、系の内部での循環がバランスよく行われることにより維持されている。植物に欠かせない窒素についてもまたしかりであるが森林への収支には生物作用がおおいに関わっている。

窒素は炭素と同様、主に大気から森林に取り込まれるが、炭素が植物の光合成によって森林に有機物として集積されるのに対し、窒素の場合には、降水や降塵によるもののほかに、落葉、植物遺体（植物リター）、窒素固定菌の働きにより植物や土壌に集積されるものが多い。また、それよりも総量は小さいが植物食の動物にはじまる森林生態系内の食物連鎖の末に有機態窒素として土壌に集積されるものもある。土壌に集積された有機態窒素は微生物の作用を受け無機態窒素に変化し、植物によって吸収されたり、土壌からガス態で大気へ排出（脱窒）されたりする。また、水に溶けて土砂と一緒に川から海へと流されたりもする（図４－１）。

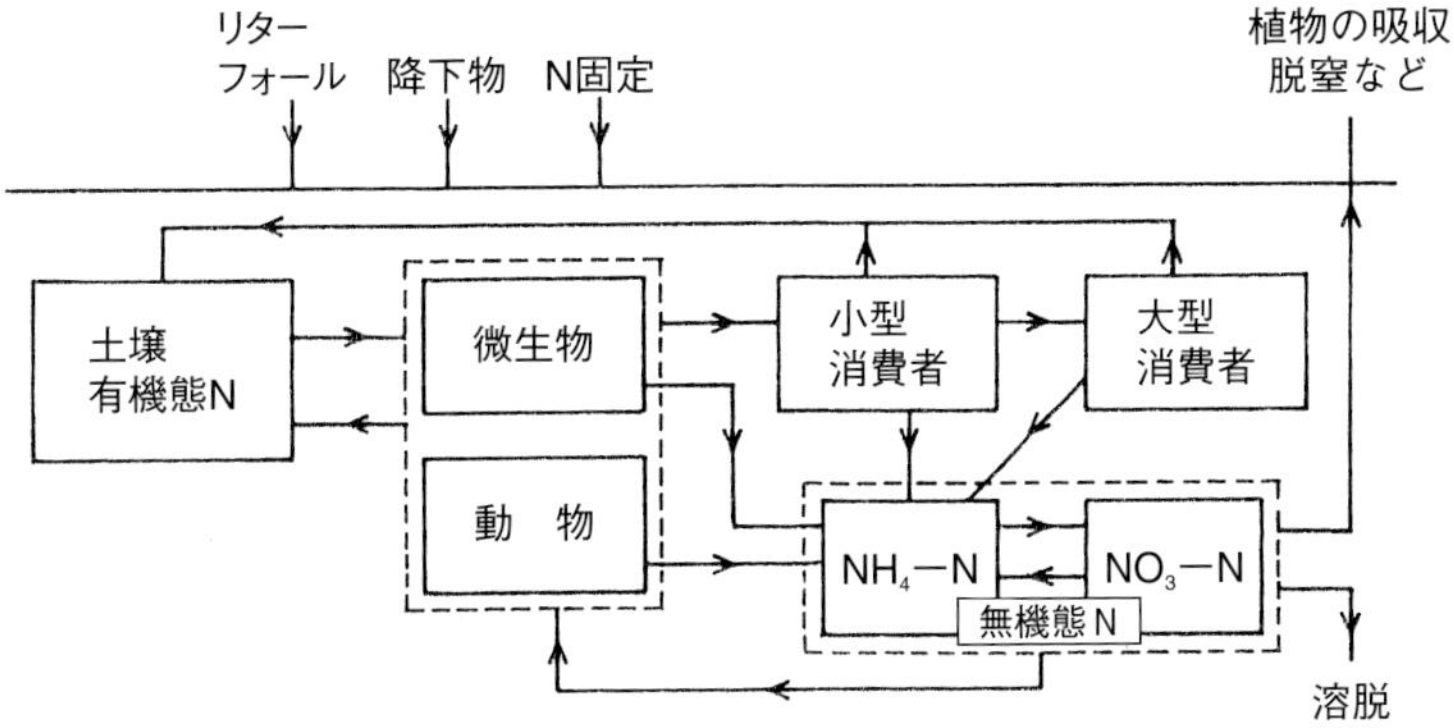

図4-1　土壌中での窒素の動き（堤、1997を改変）[2]。堤利夫『森林の物質循環』東京大学出版会、1997より。

川、そして海へと流れていった窒素は、結局、その水系の生物の生育をうながすことになる。魚付き林として海岸や源流部の森林の保全や造林が進められる理由の一つがそこにある。

海洋から森林への循環は海洋からガス態で脱窒したものの一部が還元されるものがほとんどだ。生物の関与については、海鳥の排泄物による移動はあるが、それも海洋島や大陸の海辺など海鳥が営巣する狭い範囲の中で起こることである。しかし、最近の研究によって野生動物によってさらに川をさかのぼっての窒素の循環、それも樹木の成長に影響をおよぼす程度のものがあることが明らかになった。

サケなど海で成長した後、産卵のため川を遡上する魚がいる。北米ではクマが川の上流でこれを捕食し、その食べ残しや糞尿を上流の森林にばら撒くことによって、かなりの量の窒素が森林に還元されていることがわかってきている。[1]

ブリティッシュコロンビア州ビクトリア大学のライムヘン教授は、一〇〇余りの川の流域で川に上ってくるサケの量と樹木の年輪の幅、その中の窒素安定同位体比が密接に関連することを明らかにした。窒素の安定同位体^{15}Nは海中に多いが、サケの上がる川の流域の樹木の安定同位体比は陸上で通常期待される以上の値であった。また、クマは遡上するサケの七〇パーセント以上を捕食し、サケを捕らえた後、一匹の半分は食べ残して捨てることから、高い安定同位体比はこのような食べ残しやサケを食べたクマの糞尿によって森林中にばら撒かれたものに由来するのだと考えられた。[3,4] もちろん、クマの食べ残しを他の動物がさらに運んだり食べたりして、その効果がより遠方におよぶこともある。

この地域では、冬眠に備えるクマはサケが遡上する期間の四〇日で一頭当たり七〇〇匹の鮭を捕食し、一年に必要なタンパク質の七〇パーセントを得るという。それにともなって土壌には一ヘクタール当たり一〇〇~二〇〇グラムの窒素がもたらされるという。なお、クマが捕食するサケはオスが多く、メスの場合でも七〇パーセントが産卵済みなので、クマが七割以上のサケを捕食するといっても、サケの繁殖には影響していないと考えられている。

現在の日本ではサケが自然遡上する川はわずかだが、これは採卵のため川留めをしている川が多いことと、一時、河川の汚染が進んだからである。かつては北米と同じような循環システムが存在したに違いない（写真4－1）。

ここまでの話を読んで大気汚染に関心を持っている人なら次のような疑問を持つに違いない。近年は、エネルギー用、肥料生産用などに化石燃料が大量消費され、大気中の窒素量が増え、さらに大気から森林生態系への付加量が増加している。現在の日本の森林においても窒素は過剰な状態、いわゆる窒素飽和にあることが示されている。[5] そのような状況で、生物が森林に持ち込む窒素の量など問題にならないのではないか、と。

写真4-1　カラフトマスを捕らえたヒグマ（山中正実氏撮影、知床半島）

しかし、次のこともいえるのではないだろうか。窒素飽和の原因である化石燃料の大量消費を将来にわたって続けていけるのか。資源には限りがある。これからは、化石燃料の利用の仕方も変わっていくだろう。窒素についても、その排出を抑制しながら、自然状態に近い物質循環の中で持続性の高い人間活動を行っていかざるをえなくなる。その場合、クマの力、鳥の力など自然力が頼りになるのではないだろうか。

生態系のエンジニア

さて、次は、前章で森林の破壊者扱いをしたニホンジカについてである。北米やアフリカの反芻動物は、採食によって植生の一次生産、森林生態系の栄養循環、森林の更新過程に大きな影響を与え、景観のみならず地形までにもその影響をおよぼすことが指摘されている[6,7]。しかし、それは森林の破壊といった生態系への負の影響ばかりではない。反芻動物の採食によって森林植生がどのような変化をするかは、反芻動物の採食選択性（どのような植物を好むか）と植生が被食による損失から回復する能力の違い、地域の土壌条件、気象条件、その動物の生息地利用など行動のパターンなどによっても変わることが知られている。影響は一律に森林生態系の衰退に結びつくわけではないのだ。また、反芻運動が植生遷移に局所的な影響を与えることによって、広域的なスケールで考えれば植物群落の多様性を増すこともあると考えられる。

他の生物の生息地の環境条件を大きく改変する作用を持つ生物を「生態系エンジニア」ecosystem engineerという。ニホンジカの採食により植生が本来的には多様な反応をする可能性を考えれば、ニホンジカを破壊者と見なすよりも、「生態系エンジニア」と見なすほうが客観的かつ公平であると思う。

根本的影響

シカを含めた反芻動物の生態系への影響は、採食による植生への直接的な影響が大きいが、樹木が根を張る土台である土壌への影響が、文字通り、より根本的だと考えられる。まず、土壌への影響を考えてみたい。

北米のイエローストーン国立公園の草原では、三三〜三七年間設置した反芻動物の排除柵の内と外の土壌で無機態窒素の量を調べたところ、排除柵外の標準地の平均は排除柵内の平均の倍の値になるとともに、排除柵外の土壌は、排除柵内よりも窒素が無機化しやすい性状を持つことがわかった。[8] 排除柵外の土壌の性状の変化は反芻動物の存在によるものなわけだが、まず、彼らが排泄する糞尿の影響が考えられる。

植物リターは植物の成長に必要な窒素を多く含んでいるが、植物は炭素と結びついた有機態の窒素はほとんど利用できない。一方、動物の糞や尿は可溶性のアンモニアや尿素を含んでおり、尿素はアンモニア態窒素に加水分解された後、微生物作用を受けるなどして数週間後には硝酸態窒素になる。これらの無機態窒素が植物に直接利用される。

すなわち、糞と尿には植物が容易に利用できる形で窒素を供給するという直接的な肥料としての効果がまずある。さらに、それに加えて、有機物の分解を促進する作用もあるという。反芻動物の糞尿は植物リターよりも小さなC／N（炭素・窒素比）を持っている。このような糞尿が付加されることにより微生物の活性が増し土壌有機物はより分解されやすくなり、無機態窒素の量は増すという説があるのだ。

哺乳類の採食が土壌に与える影響は、排泄物による直接的なものばかりではなく採食が植生に直接与える影響を介してのものもあり、複雑だ。北米のアイルロイヤル国立公園ではムース *Alces alces* の採食が、植生を変えることにより、間接的に土壌組成に影響し、さらに、それが植生の変化にフィードバックした例が報告されている[9]。

このムースによって選択的に採食されるアスペン *Populus tremuloides*、バルサムポプラ *Populus balsamifera* などパイオニアの広葉樹は、比較的高い窒素含有量を持ち、急速に成長することができるという特性を持っている。さらに、これらの高い窒素含有量を持つ植物リターは急速に分解され土壌に戻るので、その群落では再生産が円滑に行われ高い成長率が維持されていた。

ムースはこの比較的栄養のある広葉樹を選択的に採食し、窒素含有量が低く二次代謝産物を多く含有する針葉樹の採食は忌避した。広葉樹が豊富であったときは、ムースが樹冠を空け、糞尿を落とす

写真4-2　イノシシは丈夫な鼻面で地面を掘り返す
（仲谷淳氏撮影、神戸市六甲山）

ことにより窒素の無機化が促進され、この広葉樹の生育が促進されたと考えられる。しかし、広葉樹の採食が進むにつれ、針葉樹が残り、針葉樹のリターが増加していくことになった。ムースによる針葉樹の嗜好性を低めた要因である窒素含有量の低さとリグニン含有量の高さは、リターの分解を困難にする要因でもあったので、土壌中の窒素の利用可能性量は減少していった。なぜなら反芻動物による植物繊維の消化と土壌でのリターの分解の両方とも微生物が担っているからである。

このような土壌状態は、低窒素の場所でゆっくり成長する特性を持つ針葉樹の成長に適合し、針葉樹林への遷移が進むことになった。

ニホンジカの採食が土壌の特性を変化させることも明らかになってきた。その影響は、糞尿による直接的な効果よりも植生が採食によって剥ぎ取られることによる間接的な効果が大きいことが今のところわかっている。奈良県、三重県県境にある大台ヶ原では日野輝明さんらにより、ニホンジカ・ネズミの排除区・非排除区とササ刈り区・非ササ刈り区の組み合わせ試験地でシカとササがどのように生物相や土壌に影響を与えるか野外実験が行われている。その結果、ニホンジカの採食がササの現存量を変化させることにより、土壌の温度、水分[10]、土壌に保持される無機態窒素の量、土壌とリターの移動量[11]が影響されていることが明らかになっている。

大きな反芻胃や盲腸を持つ動物から見ると植物繊維を消化する能力は落ちるが、イノシシも森林の土台である土壌の性状に影響を与えている（写真４-２）。彼らは筋肉質の鼻面と長い牙で地面を耕運機のように掘り起こし、地中の塊茎や根っこ、土壌動物を採食する。彼らの採食の後はまるで耕された畑のようである。日本のイノシシによる土壌攪拌が栄養循環や生物多様性にどのような影響を与えているか研究はないが、ヨーロッパのイノシシで、掘り返しや採食によって草本群集や無脊椎動物の種数の減少があったこと[12]、表層土壌の攪拌によりリターや土壌からCa、P、Zn、Cu、Mgの溶出が早まったこと[13]。その一方で、イノシシの掘り返しが強いところでブナの実生の成長が良くなったことが報告されている[14]。

ニホンジカと生物多様性

大台ヶ原での野外実験では、ニホンジカの採食によって多くの生物が思いもよらぬ影響を受けていることが明らかになっている。その影響はそれぞれの生物の生息にとって正の場合も負の場合もあり一様ではなかった。

まず、樹木において耐陰性の低い広葉樹の実生がミヤコザサの被陰の影響を受けていたが、ニホンジカがミヤコザサを採食することによって被陰から開放され実生の生存率が増加することがわかった。しかし、ニホンジカはこの樹木の実生も採食するので、ミヤコザサの被陰を免れた実生もニホンジカに食べられる確率は高い[15]。北海道白糠の調査においても、ミヤコザサが軽度に採食を受けている地域では実生数は多く、ミヤコザサが激しく採食されている地域では実生数は少なくなることが報告されている[16]。

また、大台ヶ原では地表徘徊性のオサムシ科昆虫とクモ類の個体数、種数はニホンジカによって採食を受けたササ群落で多かった。前項でササの現存量により土壌水分が変わることを述べたが、ニホンジカの採食を受けたササ群落の表層土壌でこれらの昆虫が生活するために適した水分条件になったためだと考えられている。さらに、ミヤコザサにつくタマバエはニホンジカによって採食を受けた丈の短いササでより多くのゴールを作っていた。これは、ニホンジカによって採食を受けたササは窒素含有量が高くなることと関連していると推測されている[17]。

ニホンジカの採食により勢いの増す動物がいることは他の地域からも報告されている。ゴウダイコハナバチ *Lasioglossum sibiricum* は日当たりが良く、丈の短い草がまばらに生育する場所に好んで営巣するが、房総半島では、植生にニホンジカの採食の影響があったと見なされた場所では、そうでない場所よりもコハナバチの営巣数が多かったことが報告されている[18]。

一方、大台ヶ原ではニホンジカが排除された場所で増加する動物もいた。そこではミヤコザサの現存量が増加し、ササのリターを食物とする土壌節足動物の個体数と種多様性が増加した[17]。また、鳥類については、ニホンジカが多く下層植生が貧弱で枯死木の密度が高いところほど、キツツキ類やゴジュウカラなど樹幹で採食する種類や樹洞で生息する種類が多いこと、逆にニホンジカの少ないところでは下層植生が発達しており、ウグイスや小型のツグミ類など下層植生を利用する種が多かったことが明らかになっている。[19,20]

ニホンジカの採食が他の哺乳類に与える影響が種によって異なるという事例は、対馬のニホンジカと野ネズミの生息密度の関係についての調査でも報告されている。[21] 野ネズミ（*Apodemus*）にとって落葉層は採食や隠れ場所として重要と考えられ、とくにアカネズミは落葉層と下層植生が発達した場所を好み、ヒメネズミは下層植生が疎な森林環境を好むと考えられている。[22] 対馬では、ニホンジカの採食は地上の落葉量に影響を与えており、ニホンジカの密度が高いほど落葉量が少ないという結果になったが、同時にアカネズミの生息密度も低くなった。一方、ヒメネズミとニホンジカの密度の関係は明確ではなかった。この結果には、ヒメネズミが樹上適応しており地上とともに樹上も利用できることと、アカネズミとの競争が関係していると推測されている。

他の種の分布と数、エネルギーの流れなど群集の特徴を決めるのに顕著な役割を果たす種を「キーストーン種」とよぶが、これまであげてきた事例は、ニホンジカが、まさにそのような種であることも示す。[23]

種子散布

植物は哺乳類に食べられないように進化したことは前章で紹介した通りであるが、その一方で食べられるようにも進化してきた。

森林の更新がうまく行われるためには、種子がうまく発芽し、繁殖できるまでに生育してくれることが必要だ。植物の種類によって発芽や生育の適地は異なるし、母樹の近くは林冠におおわれ光環境が悪い、捕食者が集まりやすい、兄弟どうしの競争があるなどしばしば種子の発芽や実生の生育に

図4-2　哺乳類による種子散布

とって好ましくない場合が多いと考えられている。また、種の存続にとっては生息地の拡大も望ましい。

そこで、植物は母樹から種子を散布するために様々な方法を進化させてきた。そのような種子の散布方法には種子自身の重さにより転がる重力散布(トチノキなど)、水に浮かんで水流によって運ばれる水流散布（オヒルギなどマングローブの樹木)、羽毛や翼を備え風によって運ばれる風散布（カンバやカエデなど)、哺乳類など動物が種子の運び屋となる動物散布がある（図４－２)。

動物散布には三つの方法がある。第一に、ドングリのように、ネズミなどによって貯蔵用に運ばれた後、利用されなかったものが発芽する貯食型散布。次いで、ガマズミ、キイチゴなどの液果のように鳥類や哺乳類によって食べられた後、排泄された種子が発芽する被食型散布（周食型散布）。三番目に、種子や果実にとげや粘液があって動物の身体に付着して運ばれる付着型散布である。

まず、付着型散布であるが、オナモミ、ヌスビトハギ、キンミズヒキのように果実の一部に鉤構造を備えたり、メナモミ、ノブキ、チジミザサの果実のように粘着物質を出したりすることによって動物の身体に付着するタイプがある。

被食型散布の植物は、種子が飲み込まれやすいように小さいものや、種子と果肉が強く結合して、果実を食べると必ず種子も摂食される仕組みになっているものがある。多くは果肉だけが消化された後に、肛門から排泄されるが、ニホンザルでは、ほほ袋に蓄えられた果実が咀嚼される過程で果肉と種子により分けられ、種子だけが口から吐き出される場合もある。

ヤドリギの果実は人間が食べてもおいしいが、被食型散布（鳥などが食べるときに種子を嘴や身体にくっつけて運ぶことがあり、複合動物散布型とされることもある）をする。この種子の表面は粘着質で、排泄された後、樹木に付着するようになっている。この実をたくさん食べたニホンザルを観察していたところ、サルは、この種子からなる粘着質の糞が肛門の周りにくっついてしまったのを嫌がり、手でこそぎとって、登っていた木の枝に擦りつけていた。

被食型散布のもので鳥に散布を依存している果実は視覚に優れた鳥類に発見されやすいように赤や橙色などの派手な色を持つ。また、とくに強い匂いはなく、鳥に飲み込まれやすいように大きさは数ミリメートルのものが多い。これに対して哺乳類によって散布される果実の種子には、アケビなど鳥散布される種子より大きいものがある。また、哺乳類に食べてもらうための果実の特性としては色彩よりも匂いが大事なようであり、ケンポナシ、サルナシ、マタタビのように色は地味だが、甘く強い匂いを発する。

貯食型散布の典型は、ネズミ類によるミズナラ、コナラ、ブナなどのブナ科堅果の散布である[24,25]。ブナ科植物の堅果（以下、コナラ属ないしマテバシイ属の堅果を特定してよぶ場合、ドングリとする）が主要な食物の一つであるリス類（写真4－3）、野ネズミは堅果を落ちていた場所から運んで貯食するが、それには巣穴に貯蔵する場合とそれ以外の複数の場所に分散貯蔵する場合がある。一般に巣穴に貯蔵する場合は埋められる場所が深いので種子はほとんど発芽できないのに対し、分散貯蔵では腐食層に貯蔵されるので発芽に適している。

しかし、貯蔵型散布の効果に否定的な報告もある。鹿児島の照葉樹林でマテバシイのドングリの運命が調べられたところ、アカネズミ（写真4－4）とヒメネズミ（写真4－5）は健全なドングリを選択し、母樹から遠くへ運び、土に埋めた。しかし、その蓄えたドングリをかなり高い率で再発見して、摂食してしまったことが報告されている[26]。

その一方で、ブナ科樹木では堅果生産に大きな年変動があり、豊作年で、かつ、野ネズミなど捕食者の密度が低い年には貯蔵されたまま捕食を免れる堅果が多く生じ動物散布の効果はあるとも考えられている。豊作年には野ネズミなどが食べきれないほどの堅果がなり彼らの個体数は増加するが、翌年が凶作であれば一時的に増加した個体数は減ってしまう。そして、何年か後に再び豊作年がくると

写真4-3　ニホンリスも種子散布の担い手(岩手県盛岡市)

写真4-4　アカネズミも種子散布の担い手（島田卓哉氏撮影、京都府、森林総合研究所関西支所構内)

写真4-5　ヒメネズミは樹上も生活域にする（島田卓哉氏撮影、京都府、森林総合研究所関西支所構内)

野ネズミなどの個体数は少ないままなので、食べ残しが多くなるというわけだ。このように動物の捕食を避けるため木は予測のしにくい豊凶パターンを獲得した、つまり堅果の豊凶のパターンは捕食回避のための適応であるという説がある。[27][28]

液果でも結実数の年変動はあるが、液果の種子は採食の過程であまり破壊されないので、捕食者が多くても植物が困ることは考えにくい。よって、液果の場合は捕食者への適応が原因である可能性は低く、[29]代わって物質収支仮説、資源制約説が考えられる。様々な栽培果樹においてデンプンの蓄積した枝で花芽形成ホルモンの生成集積が起こり、デンプンの蓄積が花芽の数と関係していることが見出されている。つまり栄養蓄積が充分のときに花芽が形成されて豊作となり、豊作で栄養を使い果たしてしまったら再び充分な栄養蓄積がなされるまで凶作か並作を続けるというわけだ。

ドングリには捕食者から食べ残される工夫もあると考えられる。多くのドングリにはタンニンが含まれており、消化阻害や毒物質として働くので、これが多いと哺乳類の嗜好性は低くなると考えられる。また、果実の内部でもとくに幼芽や胚軸に近い部分にタンニンが高濃度で含まれるので、北米のコナラ属のドングリでは、捕食者はこの部分を食べ残す傾向にあること、また、子葉部分をいくらか食べられても発芽率は良好であったことが報告されている。[30]その一方、ハイイロリスでは貯蔵するドングリから胚を除くことが知られており、これは発芽を積極的にさまたげているのだと考えられている。[31]

写真4-6　テン（岩手県岩手山）

4・2　哺乳類どうしの種間関係

テンの楽

岩手県遠野市にお住まいのコウモリ研究家、横山恵一さんからうかがった話である。遠野には「イタチのおらぬ山、テンは楽」という口承があるそうだ。山深き遠野の人は、ニッチの類似しているイタチとテンの競合関係を、こう肌で感じとっていたのだ（写真4‐6）。

ここまで、哺乳類と森林との相互作用という観点から生物間関係を見てきたが、今度は森林という舞台で哺乳類どうしの間にどのような種間関係が成立しているか見てみたい。哺乳類どうしの種間関係も森林生物群集の構成におおいに影響していると考えるからだ。しかし、残念ながら研究の困難さから日本の哺乳類を材料にして種間関係を調べた研究はあまりない。概念的なことを中心に、いくつかの関連事例を並べるにとどめよう。

種間関係には、二種間の関係がさらに第三の種に影響をおよぼす間接効果もあるが、ここでは、二種間の関係に話を限る。

関係し合う二種が相互作用によって、相手の成長、生存、繁殖という適応度要素を増す場合には「相手に利益をおよぼす」、適応度要素を減少させる場合には「相手に害をおよぼす」ということにしよう。そう考えると、種間関係を次のように分類できる。

一つ目は、アリとアリマキの関係のように互いに利益を与え合う「相利共生」。この例は哺乳類どうしの種間関係ではあげにくい。二つ目は、一方には利益になり他方に害となる「捕食、寄生」。イイズナと野ネズミ、キツネと野ウサギなどこれは容易に例があげられる。三つ目は、一方にとって利益になるが相手には利益でも害でもない「片利共生」。屋久島や金華山島などニホンザルとニホンジカがともに生息している場所では、ニホンザルが落とした木の実や木の葉をニホンジカが下で待ち受けて食べることが知られている。四つ目として、両方に害がある「競争」、五つ目として、一方にとって影響はないが、もう一方に害を与える「片害作用」、六つ目として両者とも影響がない「中立作用」である。以下に「捕食」と「競争」について少し詳しく述べてみよう。

オオカミ効果

捕食は、獲物となる生物の分布や個体数変動に大きな影響をおよぼす生物的要因として重要な場合がある。さらに、捕食によって獲物となる生物どうしの競争が緩和され、多くの被食者が共存でき、生物多様性が促進されることも知られている。よって、捕食者にはキーストーン種とよびうるものが多い。また、捕食者は効率良く獲物を捕らえるように、獲物となる者は捕食者から上手に逃れるように淘汰が働くので、捕食、被食者の相互作用は進化の原動力の一つであると考えられている。

かつて、日本の森林にはオオカミの遠吠えが響き、そこに棲む生き物たちを震撼させていた。しかし、北海道に生息していたエゾオオカミは一九世紀末に、本州、四国、九州に生息していたニホンオオカミは二〇世紀初頭に毒殺などにより絶滅してしまった。これらオオカミは日本の生態系の中でどのような役割を果たしていたのだろう。ロシア極東においてはニホンジカがオオカミの重要な獲物の一つであることが知られている。かつては日本の森林においてもオオカミはニホンジカに対し捕食者として何らかの影響を与えていたことが推測される。

まず、オオカミによる被食者の個体数制御についてだが、外国の生息地における事例では、効果が認められる場合と認められない場合の両方が報告されており、オオカミと被食者の個体群密度の比率など状況によってその効果は異なると推測されている。[32] このようにオオカミによるニホンジカの個体数制御の効果については様々としかいいようがないが、ニホンジカは当然オオカミの捕食から逃れるように行動しただろう。自ら進んで餌食になろうとする動物はいない。捕食者が被食者の行動に与える影響については、アフリカの有蹄類で、捕食が原因となって大移動が引き起こされているとの研究がある。[33]

多くの野外研究で、反芻動物の採食により植物群落はこれらの動物の嗜好性の低い植物種が優占するように遷移することが示されているが、その一方で、必ずしもそうはならないという結果もある。これらの研究のレビューに基づいて、反芻動物が移動さえすれば、一時的に過度に採食され損失を受けても植物群落は維持しうるという見解が示されている。[34] オオカミはニホンジカが高密度化すれば、それを察知し、追いまわすことにより、ニホンジカの移動をうながしただろう。その結果、現在見られるようなニホンジカによる過度の採食はさまたげられていたかもしれない。

オオカミはもう絶滅してしまったが、日本の現生哺乳類の中で捕食者としてあげられるものには、キツネ、テン、イタチ、イイズナ、オコジョなどの食肉類、ヒミズ、モグラなどの食虫類、食虫性のコウモリ類がいる。これらの哺乳類も被食者に大きな影響を与えているだろう。たとえば一頭のヤマコウモリが一晩に体重の半分に相当する二〇グラムの昆虫を食べる[35]など食虫性のコウモリ類が大量の昆虫を摂食することが知られている。しかし、これら捕食者と被食者が具体的にどのように影響を与えあっているのかはまったくわかっていない。

その一方で、沖縄に移入されたマングースが在来の希少生物をかなり捕食していることがわかってきた。外来種が在来種の捕食者となった場合、被食者はその外来種の捕食行動に無防備であるので、在来種間の関係では通常ありえない著しい捕食圧がかかることがあるのだ。

競争

競争も共進化で重要な働きをしている。同じ資源を利用する二種は一方の種が他方の種により排除されるか、共存する。同所的に競争種が共存する場合、利用する資源を使い分けることにより競争が緩和されるよう形質が変化する形質置換という現象が起こることがある。有名なのはガラパゴス諸島のダーウィンフィンチの嘴の形態とサイズの例だが、日本の哺乳類でも同様の現象があると考えられている。

北海道に生息するハントウアカネズミは、同一種がサハリン、シベリア、中国東北部、朝鮮半島にも生息するが、Borontsovらが、この種だけが生息する大陸部、樺太のものと北海道産のものを比べたところ、大型の競争種であるアカネズミと共存している北海道のものが著しく小型化していた。これは形質置換が起こった結果であると推測されている[36]。

カモシカとシカの生息地の違い

日本に生息する反芻動物にはニホンジカ（写真4－7）とカモシカ（写真4－8）の二種類がいる。ニホンジカは西日本から北陸を除く中部・関東を中心に分布する一方、カモシカは中部以北を中心に分布する。どうもこの二種の好みの生息地は異なるようではあるが、この二種間では種間関係も影響して生息地の分離が起こっているらしい。

私たちは、一九九六年から岩手県の北上高地南部で主にニホンジカを対象としたヘリコプターセンサスを行ってきたが、その結果、ニホンジカとカモシカの生息地が分離する傾向を両種の連続的な個体群密度の変化として明らかにすることができた[37]（調査は三月）。簡単にいうと、ニホンジカの高密度地域にはカモシカはほとんど生息せず、ニホンジカの分布の周辺部でニホンジカの個体群密度が低いかまったくいない地域でのみカモシカが生息することがわかった（図4－3）。

この地域のカモシカは昔からこのような分布をしていたわけではない。一九五五年ころ以前には、現在のニホンジカの高密度地帯には、ニホンジカはあまり生息せず、代わりにカモシカが普通に見られたという。その後、ニホンジカの農林業被害が問題になりはじめ、一九七一年にニホンジカの生息状況調査が比較的広い範囲で行われたが、そのときにも、カモシカが現在いない地域にカモシカの生息が確認されている[38]。また、このころ、現在のニホンジカの分布中心にある五葉山はニホンジカよりもカモシカが観察できる場所として地元の自然愛好家の間では有名であったという。

ニホンジカの捕獲数の増加を生息数の増加と読み替えることができるとすれば、この地域では

写真4-7　ニホンジカ（岩手県五葉山）

写真4-8　カモシカ（岩手県仙人峠）

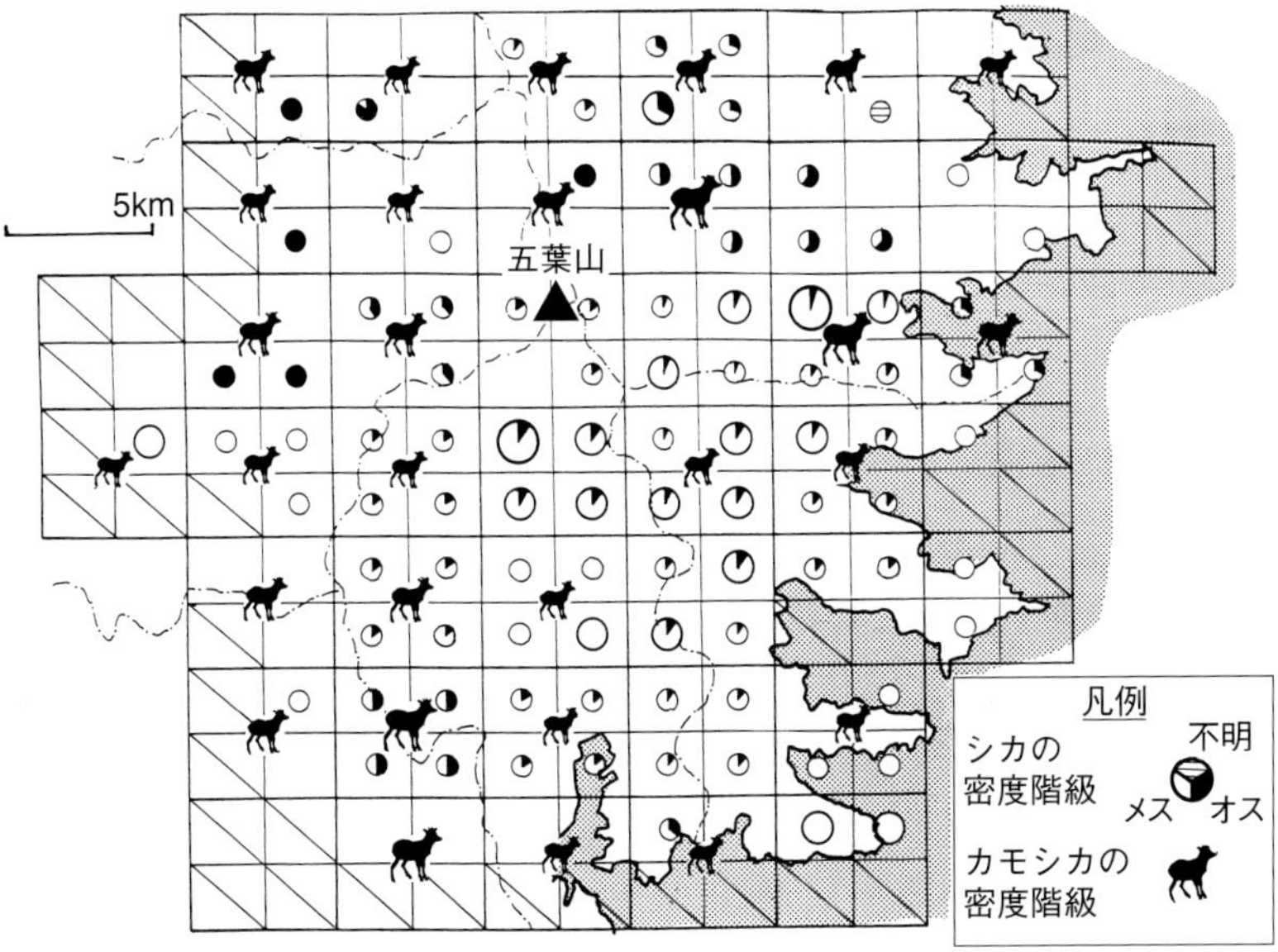

図4-3　岩手県で見られたニホンジカとカモシカの生息地の分離（1997年3月）。○やカモシカの絵の大きさの違いは個体群密度の相対的な違いを示す。この時期、ニホンジカでオスとメスの生息地分離も認められる。

一九七〇年代以降にニホンジカの個体数の急増が起こっていることになる。カモシカが現在のニホンジカの分布中心から消え去ったのは、その後のことである。このような事例は北上高地以外でも足尾、丹沢、大台ヶ原で報告されている。

今のところ、どうしてこのようなことが起きたのか考えうる説明は二つある。一つは、ニホンジカとカモシカの環境嗜好性の違いによるとする考え方である。ヤギ、ヒツジなど家畜を含め反芻動物の消化管の形態特徴を見ると、ニホンジカは体サイズが同程度のヤギ、ヒツジと比べると胃がいくらか小さく、腸は全体的に短い。また、カモシカの胃はヤギ、ヒツジよりやや小さく、腸の長さはニホンジカとヤギ、ヒツジの中間くらいだという。また、ニホンジカでは、消化管での飼料の通過速度が速く繊維質の消化率は低いが、カモシカはほかの反芻家畜と比較してとくに低くはないという。[39] このような消化管の特徴から考えると、ニホンジカとカモシカではそれぞれ好みの植物が異なる可能性があるのだ。

すなわち、ニホンジカの食性にあった好適な生息環境が増えた一方、カモシカの食性にあった好適な生息環境が減った結果として生息地の分離を説明できる。食物条件と両種の分布の関係は今のところ直接には示せないが、それぞれの種が出現した環境条件には違いがあった。両種が目撃された地点の環境条件を多変量解析で分析してみたところ、カモシカの存在した場所の条件としては、雪があること、幼齢造林地の占める割合、草地の占める割合が正の相関をする因子として順次重要であり、落葉樹林の占める割合、ニホンジカの個体群密度が負の相関をする因子となった。ニホンジカの存在した場所の条件としては草地、カラマツ林、幼齢造林地の存在が正の相関をする因子として、カモシカがいることが負の相関をする因子として重要であった。

この結果を見ると、雪もこの二種の生息地の分離を説明してくれそうである。カモシカはニホンジカと異なり多雪環境下でも生息が可能である。実際、岩手県内でもニホンジカの生息域が寡雪で比較的温暖な北上高地南部に限られているのと対照的に、ニホンカモシカは多雪の奥羽山脈にも生息している。

二つ目の可能性として、ニホンジカとカモシカの間に資源をめぐる直接的な競争があるという説明である。競争には、相手より効率的に資源を消費し相手の取り分を減らしてしまう消費型競争と、直接的な行動上の争いによる干渉型競争がある。どちらも観察や定量が難しく、種間競争が働いているという直接的な証拠を得るのは非常に困難であるが、栃木県の足尾では干渉型競争が起こったらしい。この地域では、ニホンジカの個体群密度が急増し、その一方でカモシカの個体群密度が六分の一から一三分の一になった[40]。両種の出合いの際の観察によれば、カモシカがニホンジカを回避するという二種間の直接的な競争を示す行動傾向が見られた。ただし、それが食物をめぐる競争であるか否かについては否定的な結論が出されている[41]。

アカネズミとヒメネズミが同所的に生息する場合でも利用空間が異なることが知られている。大きくみると、ヒメネズミは低山帯から亜高山帯に広く分布し、アカネズミは低地から低山帯に分布の中心があることが知られているが、同所的に生息する場合にはアカネズミは下層植生の発達した環境に選択性を持ち、ヒメネズミは上層木の発達した環境において樹上も利用することによって棲み分けていると考えられている。両種が同所的に生息している場所で、両種の個体群密度が増加した時期に生息空間の分離が進んだという研究結果もあるが、この場合も、競争により生息空間の分離が進んだのか、それぞれ好みの食物が豊富であった場所に執着した結果そうなったのか明確には示せなかった[42]。

複数種の生息地の分離が競争の結果か環境の選択性の結果か証拠立てるのは難しそうだ。しかし、野ネズミなど小型哺乳類なら、一方の種の実験的排除など人為操作による検証が可能であろう。

生物多様性

現在、種名がつけられている生物だけで、約一七五万種、分類、命名されていないものも含めるとその数は数千万種になるともいわれている。このように数多くの生き物が地球上に存在すること自体驚くべきことであるが、それが三五億年という気の遠くなるような時間をかけてできあがったものであることを知ると驚きを越えて厳粛な気持ちにすらなる。

現在ある様々な種の大本は、三五億年前に誕生した原始生命（外界と区別でき、内部で物質の合成と分解が行われるコアセルベートとよばれる液滴）であり、環境への適応、生命どうしの相互作用、偶然などにより、遺伝物質が伝える情報が徐々に変化し、多様な種が作られてきたのである。

そのような種の創造の歴史に、新参者の人類は破壊の歴史を付け加えた。とくに一九八〇年代からは熱帯林を中心として自然環境の急速な破壊、種の絶滅の進行、生物資源の喪失が大きな問題となってきた。「生物多様性」ということばは、そのような自然破壊によって人類の生活基盤、あるいは、それ以上の何かが失われていく危機感を背景に生まれた。

この自然環境破壊の危機感は国際的な高まりを見せ、一九九二年にリオデジャネイロで開催された地球サミットにおいて生物多様性条約が採択された。日本は一九九四年にこの条約を締結し、一九九五年に生物多様性国家戦略を、二〇〇二年にそれを見直した新・生物多様性国家戦略を策定した。

新・国家戦略の中では、人間と生物多様性の関係や保全の意味が整理され四つの理念としてまとめられ、実際の施策に反映されることが期待されている。

第一の理念：地球上の生物は、生態系の中で深く係わり合いながら、様々な働きによって人間の生存基盤となっていること。
第二の理念：生物多様性保全の観点から、国土利用と保全を進めていくことは、人間生活の安全性を保障することになるとともに、長い目で見ればそれがもっとも効率的な方法であること。
第三の理念：多様な生物は、工業原料、医薬品、燃料に活用できるなど社会、経済的な価値があることはもちろん、科学、教育、芸術、レクリエーションの観点からも、将来とも有用な価値であること。
第四の理念：生物多様性は豊かな文化の根源でもあるということ。日本人は長い歴史の中で地域に特有な自然に順応し、知識、技術、感性を培い、多様な文化を形成してきた。自然と共生する社会の構築、地域活性化を成功させるためにはこの資産に学ぶことが必要である。
また、二〇〇〇年の生物多様性条約締約国会議では、生物多様性の保全の方針として、次のような「生態系アプローチの原則」が合意された。
①生物多様性や生態系が科学的に解明され尽くされることはないことを認識し、解明されていないことを根拠に開発が許されてはならないこと。
②生態系は複雑で絶えず変化し続けていることを認識し、その構造と機能を維持できる範囲内で管理、利用すること。
③関係者すべてが情報を共有し、自然資源の管理と利用の方向性を社会的合意の上で選択すること。

5章
森を出る獣たち

写真5-1　日中堂々と道路を横断するツキノワグマ（岩手県）

5・1　人の変化と獣の変化

昨年（二〇〇三年）、東北のある県ではツキノワグマが病院正面玄関の自動ドアを開けて中に侵入、受付もせずに中を駆け抜けて行った。待合室には患者さんが数名いたとのことだが、幸い事故はなかった。また、今年になってからも、中国地方のある県の工場事務所にツキノワグマが入り込み、中にいた人の頭に噛みつき、けがを負わせるという大変な事件があったところだ。これらは少し特殊な例かもしれないがクマが農地や人家近くに出没して騒ぎになる事件は毎年かなりの数に上る（写真5－1）。また、関西のある都市ではイノシシが街中を走り、人とともに踏み切りを渡る。ニホンザルが畑を荒らし、お腹がくちたら民家の屋根の上でのんびり昼寝という光景もそう珍しいものではなくなってしまった。クマやニホンザル、イノシシは森の住人ではなかったのか。彼らは森からなぜ出てくるのだろうか。

ツキノワグマについていえば、異常出没が騒がれる一方、九州では絶滅した可能性がきわめて高く、四国では絶滅直前、中国地方、紀伊半島、下北半島では分布が孤立し、さらに生息数が少ないので絶滅が懸念されている。また、ニホンリスも中国地方、九州では数が少なく、やはり絶滅が懸念されている。彼らはなぜ森から消え去ろうとしているのだろうか。森から出る獣と消える獣、双方に人間の活動が大きく関わっている。

私たち人間は、哺乳類の仲間である。私たち自身も、ほんの一～二万年前まではまったくの自然の中で暮らし、様々な生き物たちと直接的に関係しながら存在していた。狩猟や採集で得た物が日々の糧であり、時には捕食者によって仲間の生命が奪われることもあったろう。逆に、多くの哺乳類にとっては武器と知恵を持った人間が恐るべき捕食者であったはずだ。

しかし、約一万年前の農耕・牧畜革命にはじまり、一八世紀の産業革命、二〇世紀の情報革命を経て、私たちはその生活のあり方を急速に変えてきた。自然の一部をそのまま利用するという生活から、自然を都合のいいように改変して利用するという生活に変わったのだ。自然改変の規模は時代とともに拡大し、今や人間の生活は地球全体に大きな影響を与えるようになった。その一方で、自分たちの生存が自然によって支えられているという意識はどんどん希薄になっている。

自らの生活の舞台であった自然は、多くの日本人にとっては、その存在すら気付かれない舞台裏の世界となってしまっている。そのため、日本人の野生哺乳類との付き合い方も変わった。同時に私たちは生息地である森林の姿も変えてきた。その変化は急速、かつ一方的であったので、今、野生哺乳類との間に深刻な問題が生じている。その中の主要なものが種の絶滅の危機と野生哺乳類が引き起こす様々な被害の問題なのである。

5・2　レッドデータの獣たち

未来の喪失

哺乳類を含めた野生動物の絶滅はなぜ回避されなければいけないのだろうか。生物多様性という言葉を世に出したE・O・ウィルソンは、「人間などいなくても動植物は平気で栄えていくだろうが、自然なしには人間は死滅するほかない」と述べている（図5-1）。

このように功利的に考えれば、理由はいくつかあげることができるだろう。一つは、野生動物は、食料、医薬品の原料、遺伝子資源として役に立っている、あるいは、将来役に立つ可能性があるという人間の生活への直接的な利得のためである。もう一つは、野生動物は、私たちが生活している地球環境を成り立たせている生態系という石組みの石の一つであるからだ。つまり、キーストーン種とよばれ、文字通り生態系の要石と認識されている哺乳類の絶滅はもちろん、そうでない種であっても絶滅の積み重ねによって、いつか私たちの生活の障害となる環境や生態系の異常が生じる可能性があるからである。具体的には水質浄化や栄養循環による農林水産物の生産性の確保など生態系サービスといわれる機能が損なわれることへの懸念である。そのほか、その動物が持つ精神的、審美的、学問的価値の消失も理由としてあげられるだろう。

そして、それらの価値を持つ野生動物の属性の中でもっとも重要なことは、失ったものを人間の手で作り直すことができないということにある。私たちの将来の世代のことを考えるなら、彼らにも享

図5-1　サヨナラ、人間。人間などいなくても動植物は平気で栄えていくだろうが、自然なしには人間は死滅するほかない（ウィルソン、1992）[1]。

受されるべきものが永遠に喪失されることへの強いためらいがわいてこないだろうか。

絶滅の恐れのある種を的確に把握し、一般の理解をえるために、環境省は日本の野生動物の生息状況をとりまとめ、絶滅の危険性を科学的に評価したレッドデータブックを作成した。生涯のすべてを海域ですごす鯨目と海牛目を除いた日本在来の種・亜種と考えられる一八〇種類の検討により、圧迫要因が除かれない限り存続が困難と考えられる絶滅危惧種として四八種があげられた（表5－1）。これは日本の在来陸棲哺乳類（種、亜種）の約二七パーセン

表5-1　環境省『レッドデータブック』における絶滅危惧種[2]

区分および基本概念	該当種・亜種	
絶滅危惧IA類 (現在の状態をもたらしている圧迫要因が引き続き作用する場合、ごく近い将来における野生での絶滅の危険性がきわめて高いもの)	センカクモグラ ダイトウオオコウモリ エラブオオコウモリ オガサワラオオコウモリ ミヤココキクガシラコウモリ ヤンバルホオヒゲコウモリ ツシマヤマネコ ニホンカワウソ（本種以南個体群）	ニホンカワウソ（北海道個体群） ニホンアシカ セスジネズミ オキナワトゲネズミ
絶滅危惧IB類 (現在の状態をもたらしている圧迫要因が引き続き作用する場合、IA類ほどではないが、近い将来における野生での絶滅の危険性が高いもの)	オリイジネズミ オキナワコキクガシラコウモリ ヤエヤマコキクガシラコウモリ カグラコウモリ シナノホオヒゲコウモリ ヒメホオヒゲコウモリ エゾホオヒゲコウモリ クロホオヒゲコウモリ ホンドノレンコウモリ モリアブラコウモリ	ヒメホリカワコウモリ クビワコウモリ コヤマコウモリ リュウキュウユビナガコウモリ リュウキュウテングコウモリ イリオモテヤマネコ ゼニガタアザラシ アマミトゲネズミ ケナガネズミ アマミノクロウサギ
絶滅危惧II類 (現在の状態をもたらした圧迫要因が引き続き作用する場合、近い将来「絶滅危惧I類」に移行することが確実と考えられるもの)	トウキョウトガリネズミ エチゴモグラ オリイコキクガシラコウモリ イリオモテコキクガシラコウモリ ウスリドーベントンコウモリ ウスリホオヒゲコウモリ フジホオヒゲコウモリ カグヤコウモリ ヤマコウモリ	ヒナコウモリ チチブコウモリ ニホンウサギコウモリ ニホンテングコウモリ ニホンコテングコウモリ ツシマテン トド

＊区分としては、このほか、準絶滅危惧、情報不足、絶滅の恐れのある個体群があり、それぞれ該当種、個体群が記載されている。

トに当たる。[2]

これら絶滅危惧種の六五パーセント（三一種、亜種）がコウモリ類である。原生林の残存面積が少なく樹洞性のコウモリ類の絶滅の危険度が高いと考えられているのだ。また、五六パーセントが島嶼性であるか、食肉類である。島に棲む哺乳類は生息地が限られ個体数も少なく、環境変化などによって絶滅しやすい。また、食物連鎖の頂点に位置する食肉類は、広いなわばりを持つ場合が多いので個体群密度も低く、食物など環境条件が変わると絶滅しやすいと考えられている。

絶滅への過程

通常、種の絶滅は、種を構成する地域個体群（遺伝的交流が容易に行われると考えられる個体の地域的な集まり）が順々に消滅していくという経過をたどる。この過程を最後までたどれる資料はないが、ニホンザルの分布の変化についての資料からは、その過程がいかなるものかいくらか読み取ることができる。

一九二三年に東北帝国大学医学部の長谷部言人がニホンザルの標本収集のため、全国の郡長・島司などに宛ててニホンザルの生息状況についてアンケート調査を行った。回答は、九五パーセントという高率で、分布の実際について多くの情報を得ることができ、全国同一の精度で行われた大正時代のサルの分布資料として高い価値を持っている。[3]

この資料と一九七八年に環境庁が行ったニホンザルの分布調査[4]との比較が行われた（図5－2）。分布情報は地上図五キロメートルメッシュ単位で整理された。その結果、この五五年の間に分布域の分断が進んだこと、その過程で一九二三年に認められた五〇の連続する分布の固まりのうち、一六が消滅したことが明らかになった。また、消滅した分布の固まりのすべては広がりが一〇メッシュ以下であり、分布の小さな個体群で消滅する確率が高かったことが示された。[5]

また、アメリカ西部の国立公園創設後七五年間における種々の哺乳類の個体数の変動を検討した研究では、個体数が少ない個体群は絶滅しやすいという傾向が示されている[6]（表5－2）。その結果を見ると、同じ種であっても消滅した個体群、存続した個体群の両方があり、絶滅した個体群の当初の大きさは、存続した個体群より小さく、また、消滅した個体群と存続した個体群の当初の大きさは種

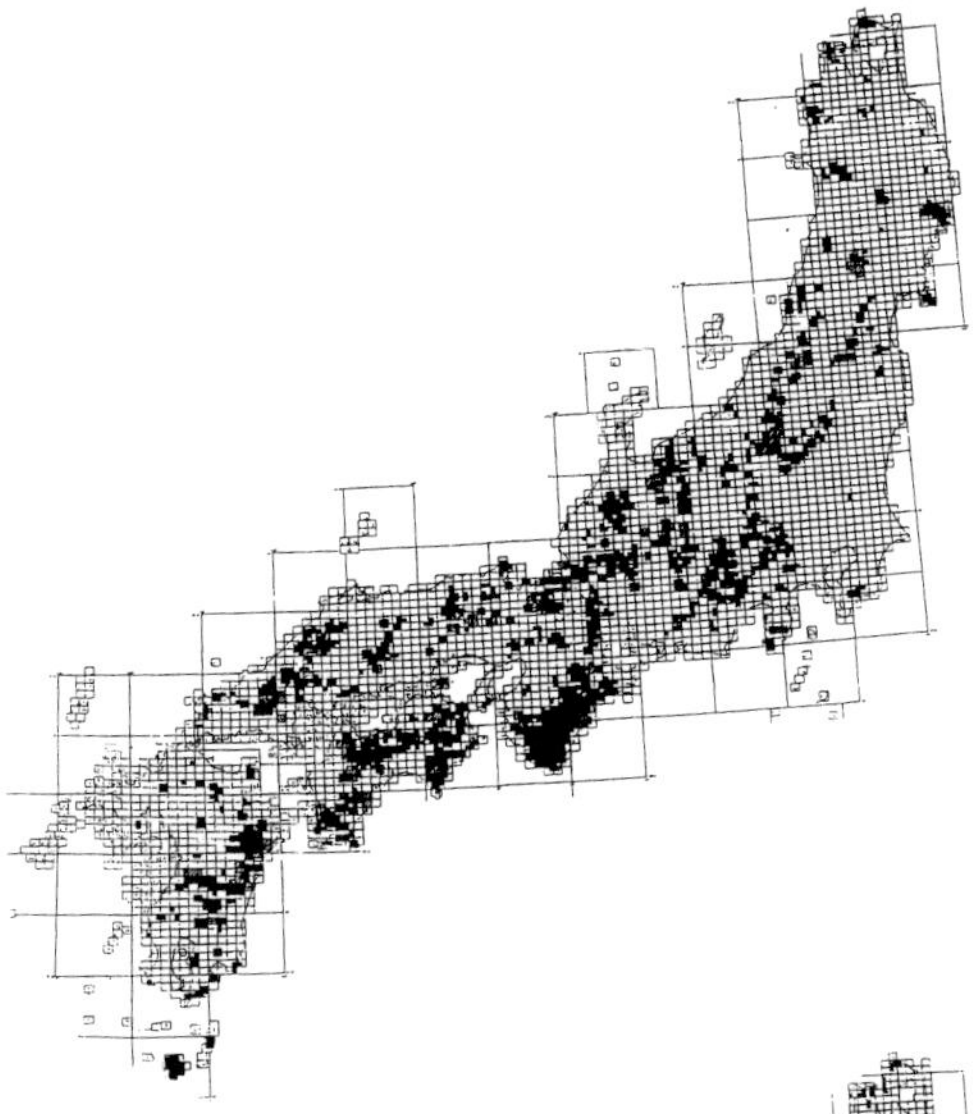

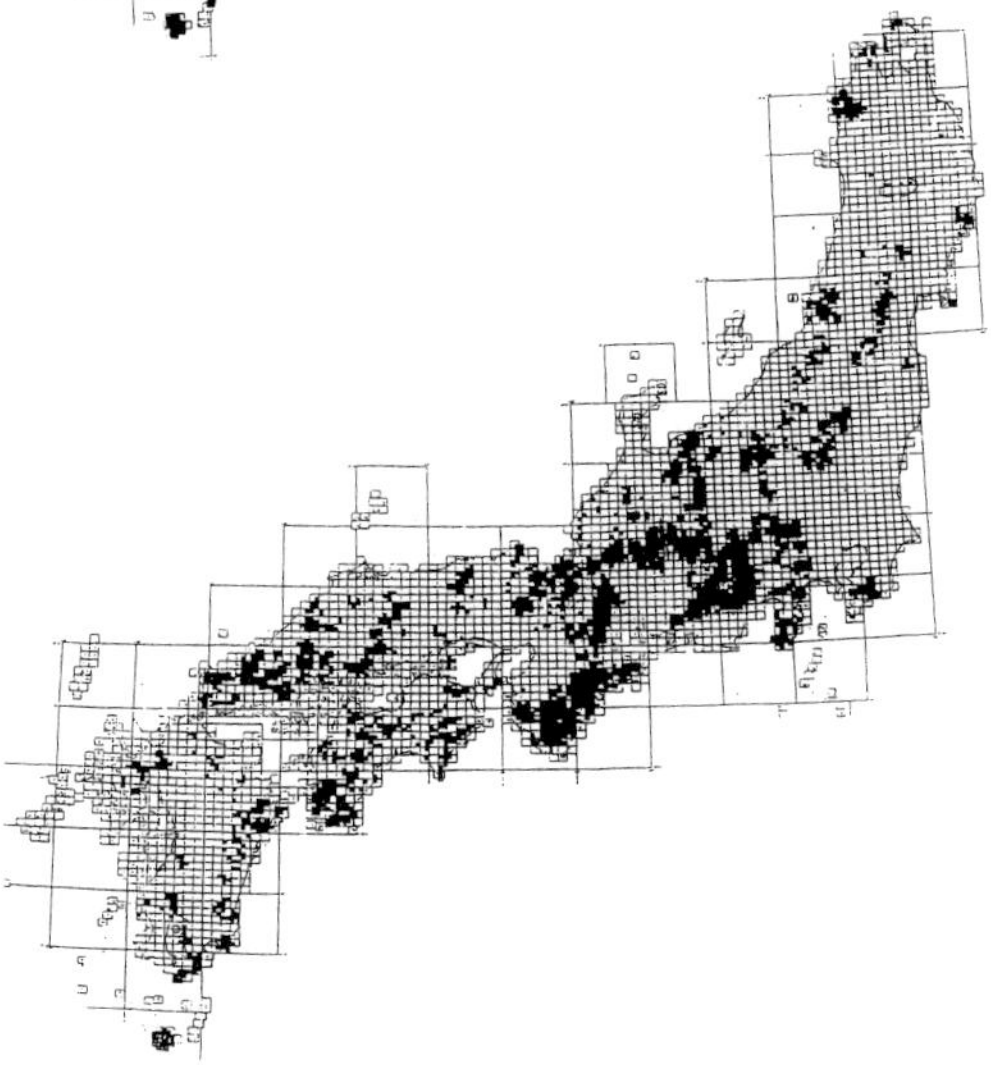

図5-2　1923年（上）と1978年（下）のニホンザルの分布（小金沢、1991）[5]。5 km メッシュで分布情報が整理されている。NACS-J 保護委員会・野生動物小委員会編『野生動物保護—21世紀への提言 第1部』（財）日本自然保護協会、1991より

表5-2　北アメリカ西部の24の国立公園において75年間に絶滅した個体群と存続した個体群の初期サイズ（Newmark, 1986）[6]

分類群	絶滅個体群			存続個体群		
	中央値	95%信頼区間	N	中央値	95%信頼区間	N
ウサギ類	3276	702-56952	9	70889	34720-173150	60
有蹄類	241	3-1273	7	792	429-1504	88
大型肉食類	24	14-68	16	108	70-146	153
小型肉食類	256	122-880	26	1203	908-1704	127

によって異なっていた。これには、種によって繁殖特性や死亡特性、すなわち個体群の増減の仕方が異なることが反映していると考えられる。

絶滅要因

個体群を絶滅へと向かわせる要因とその過程は次のように一般化できる。個体数が相当大きな状態では、その個体群はすぐに絶滅する危険はほとんどない。絶滅過程では個体数の減少傾向が持続し、個体数が「多い状態」から「少ない状態」へと変化していく。その要因は数万以上の大きな個体群を数百のオーダの小集団に減少させることに寄与する要因と、小集団になってはじめて顕著に作用する要因とに分類することができる。[7]

哺乳類の場合、大きな個体群を小規模化する要因は、生息地の分断、孤立、破壊、狩猟や駆除などによる乱獲、外来種による捕食、外来種との競合、農薬などによる環境汚染などがあげられる。

環境汚染には、有機金属系、ダイオキシンなど様々な化学組成の物質によるものがあるが、野生動物の場合には生物濃縮が起こるので、食物連鎖を通じて高次捕食者に大きな影響が出る。たとえば、ダイオキシン類は発ガン作用のほかに、生物の内分泌を乱す環境ホルモンとしての作用があると考えられているが、栄養段階が一段階上がるごとにダイオキシン濃度は一〇から一〇〇倍以上増加することがわかっている。[8] 実際の測定では、土壊に比べてミミズで一〇倍に増加、さらにミミズからモグラでも一〇倍に増加。植物を食べる昆虫類で植物に比して一〇〇倍増加、さらにその昆虫を食べる昆虫類や爬虫類、哺乳類で一〇～一〇〇倍に増加した。

また、感染症の蔓延は、それが比較的大きな個体群で起こった場合、個体群が小規模化する要因として働くが、最後は抵抗性を持った個体と病原との共存、あるいは弱毒性の病原と個体との共存という状態に落ちつく傾向にあるようだ。

小さな個体群の絶滅要因は、近親交配による繁殖力の低下（近交弱性）や交尾相手とめぐり合いにくくなるなど個体数が少なくなった結果として確実に起こるもの（決定論的要因）とともに、環境変動（きびしい冬の到来など）と偶然の作用という確率論的に扱える要因（個体群統計学的変動性、遺伝学的確率変動性など）がある。小集団には、これらの要因とともに、大集団を小規模化する要因がそのまま働くので、絶滅が加速される。

存続可能最小個体群サイズ

一般に個体数の少ない種は絶滅の危険が高いという評価がなされるが、個体数が少ないというのはどれくらいのことを指すのであろうか。逆に、種、あるいは個体群が人間の介入なしに充分長期的に存続するための個体群の最低条件は何であろうか。保全生物学が用意した答が、存続可能最小個体群サイズ（Minimum Viable Population: MVP）である。また、その個体数を支えることができる生息地の最低面積を最小生息地面積（Minimum Area Requirements: MAR）という。

ＭＶＰには、個体群統計学的に求められるＭＶＰと集団遺伝学的に求められるＭＶＰとがあるが、個体群の存続可能性の評価は、いつまでの存続を考えるかという存続時間の設定と存続の可能性の確率的表現（確率何パーセントでその期間存続しうるか）によってなされる。その数値条件は、一般に、保全計画が想定する期間とその個体群の保全に対して求められる安全性の程度に基づいて設定される。[10]

個体数の存続条件

個体数は、①齢構成と性比、②齢別死亡率、③齢別出産率、④個体群への移出入率などの変化にともなって変動する。これらのパラメータは環境要因（積雪などの気候、食物供給など）の変化に直接的な影響を受けるとともに、個体群密度の変化に応答して変動する。

また、繁殖や死亡は、個体にとっては偶然起きる現象であるという側面があるので、確率的な取扱いができる。[11] 複数のコインを同時に投げる場合、コインの数が少ないほど、その表裏の目がそろいやすくなるが、集団が小規模になると、個体レベルで起きる偶然により集団の増殖率は大きく変動する傾向を持ってくる（個体群統計学的変動性）。たとえば、小集団で、偶然、オスの赤ん坊ばかり続けて生まれ、それが後々の集団の繁殖力に大きな影響を与えることなどが考えうる。

個体群統計学的MVPは、個体群パラメータの変動とその要因についての情報に基づいた個体群動態モデルにより、設定した期間に設定した確率で存続を保証される個体群サイズをいう。堀野眞一さんと三浦慎悟さんは、ツキノワグマ個体群の齢別の生存率と出産率を観察によって得られたブナ科堅果の豊凶の周期性に基づいて変動させ、さらに、この生存率と出産率を個体に割り振るというモデルを用いて個体群変動のシミュレーションを行い、ツキノワグマ個体群の存続可能性を予測する手法を開発している。[12]

環境の幅の大きな日本では、地域によって個体群パラメータに影響を与える環境要因は異なる。よって、個体群統計学的ＭＶＰの算出のためには、地域ごとに、個体群パラメータに影響を与える環境変動の種類を特定し、作用する変動要因ごとに地域を区分、類型化すること、また、その環境変動の個体群パラメータに与える影響を明らかにしておく必要がある。環境の区分けとして亜寒帯林、落葉広葉樹林帯の多雪寒冷地帯と寡雪寒冷地帯、常緑広葉樹林帯の区分けが少なくとも必要であろう。また、農業被害発生地域の哺乳類は、高栄養の農作物の摂取によって、高い繁殖率を持っている可能性があるので、被害発生地と非発生地別の個体群パラメータの推定が必要である。

個体群統計学的ＭＶＰを算出するにあたって利用できるデータは、比較的調査が進んでいると考えられるニホンジカやカモシカについても充分ではない。多くの県でニホンジカの捕獲スケジュールを決めるために個体群動態のシミュレーションが行われているが、他地域のデータを当てはめたり、まったく仮想の数値を使ったりしている場合が多い。現在は、調査体制を整えて、個体群パラメータを推定するためのデータを着実に蓄積していくことが大事である。

遺伝的な存続条件

近畿から中国地方にかけて生息するツキノワグマ個体群は生息地の孤立、縮小の傾向が著しい。これらの個体群のうち西中国山地、東中国山地、北近畿西、北近畿東の四集団について六種のマイクロサテライトＤＮＡの多型が分析され、遺伝的な多様性（対立遺伝子の数、異型接合の割合）が比較された（図５－３）。

その結果、対立遺伝子の数については、福井県や滋賀県の集団と連続している可能性のある北近畿東の集団が四・二種類、西の集団が三・三種類を持つのに対して、西中国山地では二種類、東中国山地では二・五種類と変異が低く、また、異型接合の割合も中国山地の個体群が北近畿のものより小さいこ

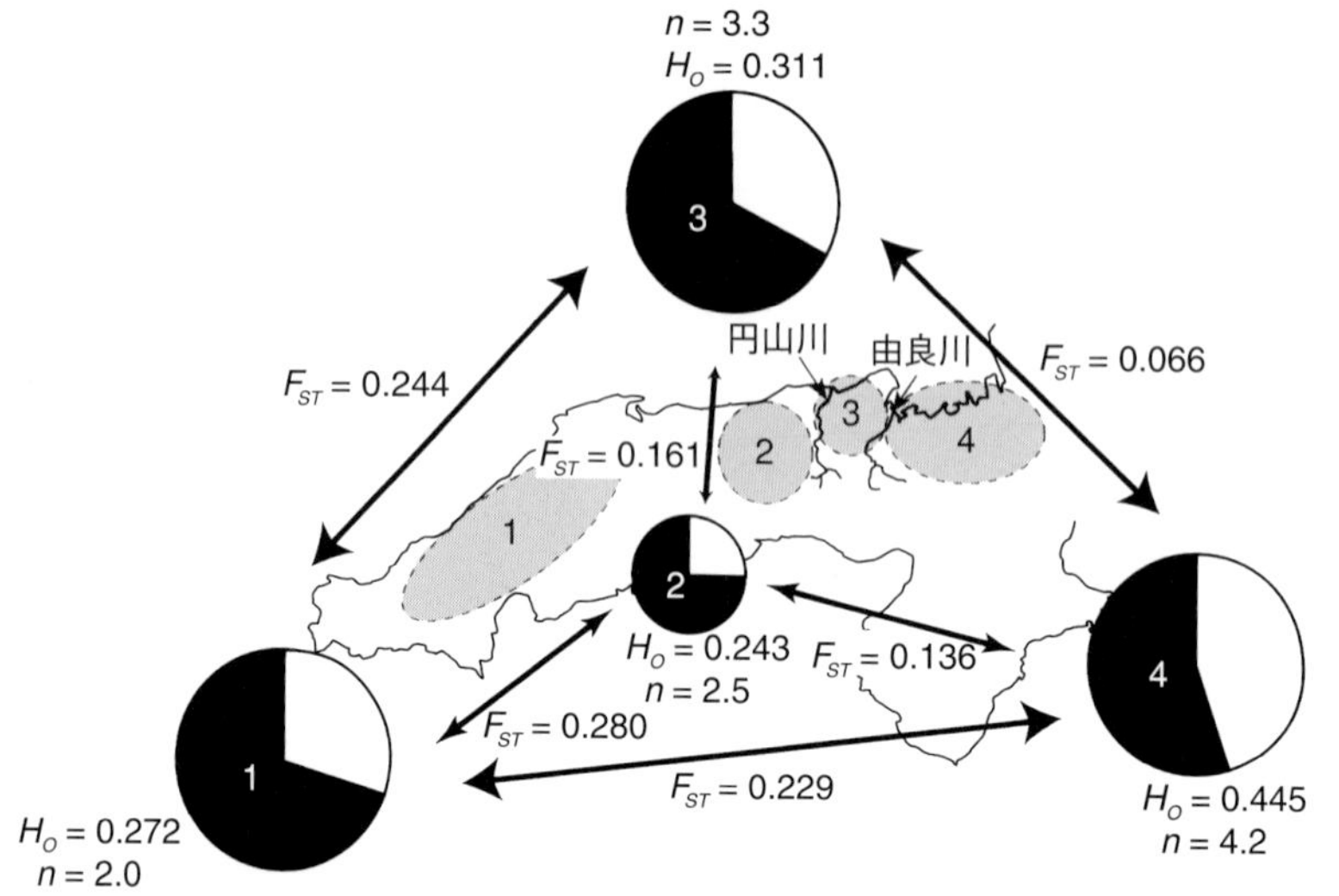

図5-3　関西地域の４つのツキノワグマ個体群の遺伝的多様性と集団間の遺伝的分化の程度（森林総研・研究の“森”からNo. 106、図２[13]を改変したもの）。*n*：対立遺伝子の数、H_O：異型接合の割合（円グラフの白抜き部分）で、値が大きいほど遺伝的多様性が高いとみなせる。F_{ST}：集団間の遺伝的分化の程度を示し、値が大きいほど分化が進んでいる。１：西中国山地、２：東中国山地、３：北近畿西、４：北近畿東。東中国山地はサンプル数が少ないことに注意。

とがわかった。また、遺伝的分化係数 F_{ST} を見てみると、それぞれの地域集団で遺伝的な分化が進み、とくに、西中国個体群はほかの集団とはほとんど遺伝的な交流がないと推測された。[13]

　また、南西諸島西表島のイリオモテヤマネコは約一〇〇頭生息するのみであるが、マイクロサテライトＤＮＡの９遺伝子座について対立遺伝子が調べられたところ、どの遺伝子座でも単一の遺伝子のみが検出され、異型接合の割合はゼロに近く、遺伝的多様性がきわめて低いことがわかった。イリオモテヤマネコは大陸のベンガルヤマネコの一亜種と考えられているが、この遺伝的変異の低さは、西表島に隔離されてから遺伝的浮動または近親交配によって引き起こされたことが推測されている。[14]

このような遺伝的変異の減少は、近交弱勢とともに個体群を絶滅に導く可能性があると考えられている。遺伝的変異の減少は個体の環境に対する応答を画一的にし、適応度（次世代の個体数）を低下させると予想されるからだ。生息数の少なくなったチータ ***Acinonyx jubatus*** で自然流産率が著しく高いことが知られているが、これは近親交配の結果、免疫機構に直接関与している主要組織適合遺伝子複合体ＭＨＣの多型が低下していることが原因の一つではないかと考えられている。[15]

また、近交弱勢の遺伝的原因については有害遺伝子がホモ接合になって有害効果を発現し適応度が低くなるという説が有力である。近交弱勢は、シロアシネズミ ***Peromyscus leucopus***[16]、ウタスズメ ***Melospiza melodia***[17] の野生個体群で実際に起こったことが強く示唆されている。

遺伝学的ＭＶＰは、確率的に起こる突然変異による対立遺伝子の変動を数学的に予測するモデルを用いて、一定の期間に期待する変異レベルの存在を保証する個体群サイズである。遺伝的変異が期待されるように維持されるかどうかは集団サイズにより異なることが知られているが、遺伝的変異量を決定する集団サイズは、個体数調査で通常得られる個体数とは異なり、とくに有効個体群サイズといわれるものである。有効個体群サイズは、どの個体も同じように遺伝的浮動の影響を受ける集団のサイズと定義されている。一般に、有効個体群サイズは、個体群サイズの時間的変動、性比の偏り、繁殖成功度の個体差によって見かけの個体数より小さくなる。[18]

小集団ではランダムな交配や遺伝的浮動により遺伝子の異型接合の割合は減少する傾向を持つと考えられるが、その容認される減少率から、数百年にわたって遺伝的変異を保つことのできる最小の有効個体群サイズは五〇〇頭程度といわれている。[19] また、「突然変異メルトダウン」というタイプの遺伝的劣化が起きることも推測されている。これは、個体数が少ないと、本来は淘汰されてしまう有害遺伝子が、偶然、固定されてしまう確率が高まり、絶滅の危険性が高まるという現象である。理論的には有効個体数が一〇〇頭以下になるとこの効果が顕著になるという。[20]

5・3 外来種問題

自然分布していた地域から、人の手によって移動させられた種を、国内、国家間での移動を問わず外来種というが、この外来種をめぐる問題は様々な方面に深刻な影響をおよぼしている。

哺乳類も様々な目的のために多種、多数のものが移動させられてきた。現在も、毎年一〇〇万頭以上が主にペットや実験動物として輸入されている。過去には日本の土地への定着を目的とした輸入もあったが、そのような輸入がない今も飼育動物が脱出したり、飼いきれなくなって遺棄されたりしたものが野外で繁殖し、定着している。

外来哺乳類の定着によって生じる影響として、捕食や競争による在来種の抑圧、排除、在来種との置き換わりに加えて、交雑による在来種の純系の喪失、植食性外来種による植生破壊、病原菌、寄生虫の伝播による在来種や人間生活の脅威、新たな農林業、生活環境被害の発生があげられ、残念なことに問題事例をあげるに事欠かない。[21]

外来種の問題は、とくに島嶼部で深刻である。伊豆諸島の三宅島においてネズミの駆除のためホンドイタチが導入されたが、イタチは島の固有種であるオカダトカゲやアカコッコをほとんど壊滅状態に追い込んでいる。ホンドイタチの導入が在来生物へ劇的な影響をもたらした理由の一つは三宅島に生息する多くの生物が有力な捕食者のいない状態で進化した結果、新しい捕食者に対する有効な捕食回避行動を失っていたことにあると考えられている。[22]

また、固有種の多い南西諸島でもハブとネズミ駆除のためマングースが導入され、トゲネズミ、ワタセジネズミ、ケナガネズミ、アマミノクロウサギ、オオクイナ、アカヒゲ、ルリカケス、ヤンバルクイナ、バーバートカゲ、キノボリトカゲなど固有・希少種が捕食され、新たな絶滅要因となっている。[23] また、沖縄県北部のやんばる地域ではノネコによって、オキナワトゲネズミ、ノグチゲラをはじめ八種の希少種が捕食されていることが確認され、ノネコの排除とイエネコの管理強化が訴えられている。[24]

ヤギやカイウサギなどの植食性哺乳類が島嶼部などの狭い地域に野生化した場合には、自然植生に壊滅的な影響を与える。小笠原諸島ではヤギによってキク科やラン科固有種が採食されてしまうと同時に、土壌浸食が起きるほど植生が後退し、大きな費用をかけて排除が行われたところである。また、センカクモグラは領有権が係争中である尖閣諸島の魚釣島に生息する一属一種の貴重な種であるが、導入されたヤギが増殖し、モグラの生息地で植生破壊による土壌流失を引き起こしている。

在来種との交雑が今のところ問題になっているのはサル類においてである。和歌山県では動物園で飼育されていたタイワンザルが野生化し、その群れに入り込んだニホンザルのオスとの交雑を手始めに群れ内で交雑の進行が認められた。また、房総半島ではアカゲザルの群れが野生化している。県はいずれも野外から排除する方針を決めており、捕獲が継続されている。下北半島でも同様の問題があったが、青森県が新たに制定した条例に基づいて二〇〇四年に飼育者がタイワンザルの群れの処分を

写真5-2　外来種タイワンザル（青森県下北半島）。この個体は尻尾の先端が切れている。

行った。しかし、離れザルとして分散してしまった個体がいる可能性があり、監視が必要である（写真５－２）。

次に感染症の問題である。ベンガルヤマネコの亜種であるツシマヤマネコの減少原因として、イエネコとの食物の競合、交通事故、生息地の劣化のほかに、イエネコからネコ免疫不全ウイルス（ＦＩＶ）とネコ伝染性腹膜炎ウイルス（ＦＩＰＶ）の感染が指摘されている。[25]

また、北米原産のアライグマは現在、一七都道府県以上から生息の報告があるが、ニホンザリガニやエゾサンショウウオの捕食など在来種への影響の他に、人獣共通の感染症であるアライグマ回虫症の伝染や農業被害が問題になっている。

アライグマなど外国からの外来種による農業被害のほかに、自然には分布していなかった地域に狩猟獣として意図的に放されたイノシシやイノブタによる農業被害が問題になっている。

すでに取り返しのつかない事態が多数起こっているが、対策は最近急速に進みつつある。二〇〇四年には「特定外来生物による生態系等に係る被害の防止に関する法律」が国会で成立し、罰金、懲役、輸入・飼育許可の取り消しなど具体的な抑止策をもって、固有の生態系を乱す外来種の輸入、飼育を規制できることとなった。

5・4　里に出る獣たち

農林業被害

野生哺乳類に関わる大きな問題の最後の一つは、農林業などの被害問題である。被害そのものも深刻だが、この問題がある限り農林家から哺乳類の保護についての合意が得られにくいので保護対策の障害にもなっている（写真5－3）。

農林水産省のとりまとめによると二〇〇二年度の農業被害は七万ヘクタール、三二万トン、一二〇億円に達した。被害には量や金額で表されないものもある。お店のない山間の農家で毎日のおかずにと作っていたネギや町にいる孫の喜ぶ顔が見たいと丹精していたトウモロコシが一夜にして食べ荒らされることもあるのだ。クマやサルなど時には牙をむく獣と対峙するのは老齢化が進んだ農家にとっては精神的な負担でもある（写真5－3）。

問題となる農業被害を引き起こしている哺乳類は一〇種に満たない。農業被害規模の大きなものから順にイノシシ（五二億円）、シカ（四一億円）、サル（一四億円）、クマ（三億円）、タヌキ（二億五

写真5-3　畑を荒らすニホンザル（滋賀県）

〇〇〇万円）と続く。上位三種はいずれも身体が大きく群れで活動するため多数の個体がまとまって加害するという特徴がある。

林業被害については、林野庁森林保全課がとりまとめているが、二〇〇二年度の林業被害面積は七三〇〇ヘクタールとなっている。農林業被害とも、近年、様々な対策が講じられているので数値上は若干の減少傾向にはあるようだが、まだまだ被害の規模は大きく対策を強化すべきという声は大きい。

林業被害を引き起こす哺乳類の種類は農業被害を起こすものよりさらに少なくなる。もっとも大きな被害はニホンジカによるものである。ニホンジカ（四三〇〇ヘクタール）、カモシカ（一一〇〇ヘクタール）、イノシシ（六〇〇ヘクタール）、野ウサギ（五〇〇ヘクタール）、クマ（三〇〇ヘクタール）、野ネズミ（三〇〇ヘクタール）、その他の順となる。

一九六五年から一九七〇年代の後半まで、林業被害といえば、野ネズミと野ウサギであった（図

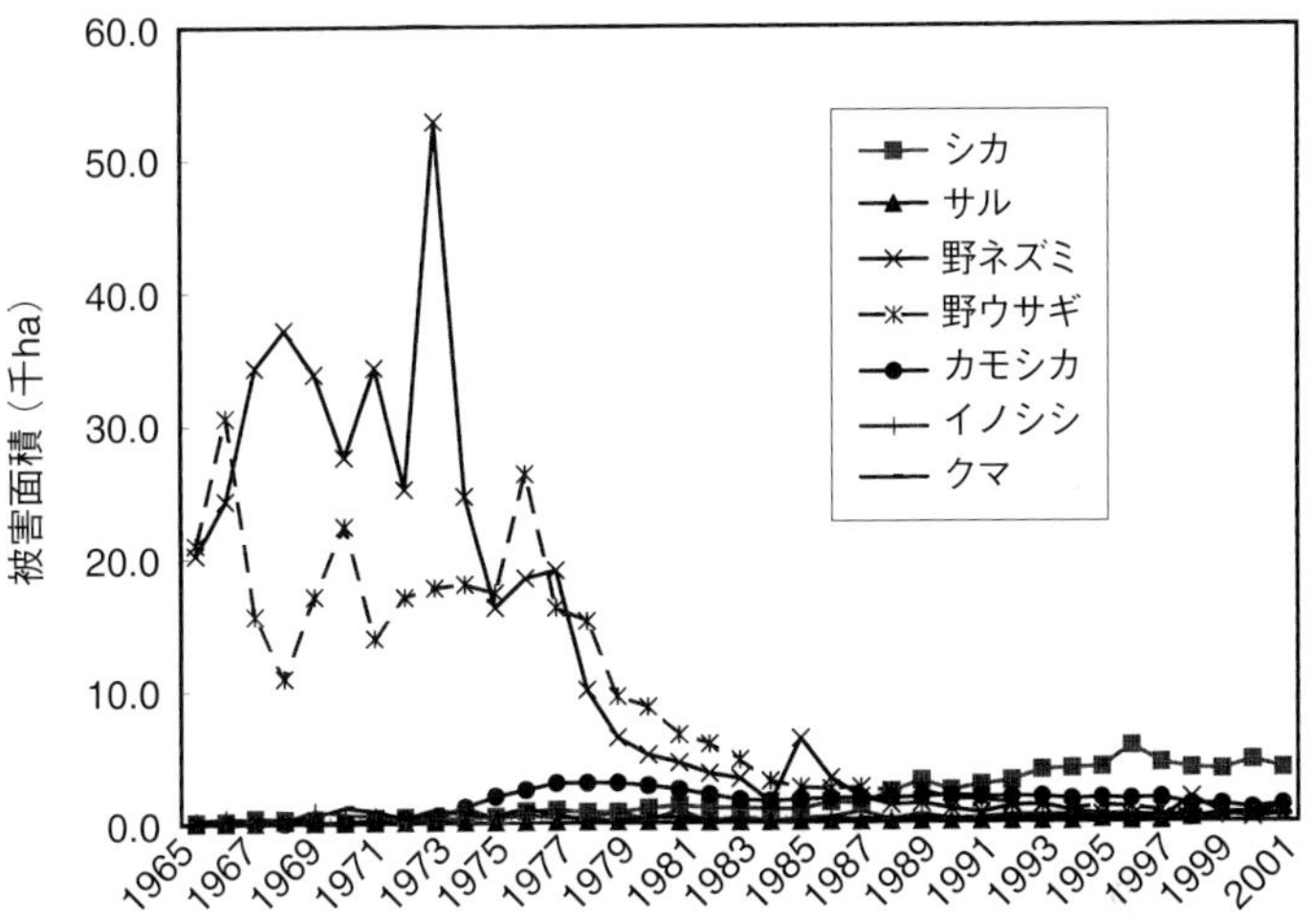

図5-4　哺乳類による林業被害の推移（林野庁森林保全課資料より）

5－4）。これらは主に北海道のエゾヤチネズミによるカラマツ造林地の被害、本州の野ウサギによるスギ・ヒノキ造林地の被害であった。それが一九七〇年代後半に入るとニホンジカの被害が報告されるようになった。このニホンジカによる被害は一九九〇年以降は岩手県以外の東北地方を除いて全国的に見られるようになりカモシカや野ウサギを抜いて被害面積第一位の座を占めるようになった。最近の被害面積は四〇〇〇ヘクタールのレベルで安定している。

これら農林業被害の拡大には、問題となっている哺乳類の個体数や分布域の拡大にともなうものが多い。イノシシ、ニホンジカ、カモシカなどは個体数が増加したと考えられるが、増加の原因としては、一九五〇、六〇年代における拡大造林、草地の拡大による食物条件の好転、近年における耕作放棄地の増加と里山の管理放棄による里周辺の食物条件の好転、防除が不充分で農作物が良い餌となっていること、温暖化により冬季の死亡率が減少したこと、狩猟人口の減少により狩猟圧が減少したことがあげられる。耕作放棄地については二〇〇〇年の農業センサスでは二一万ヘクタールであったものが、二〇〇四年には四〇〜五〇万ヘクタールに増加していると推測されている。

被害増加の原因は、個体数の増加ばかりではない。人間の生活域には畜産廃棄物や生ごみなど農作物以外にも誘引物があり、哺乳類の中にそれに生活を依存するとともに人への馴れを増したものが多くなったことも原因と考えられる。また、採食の場として条件の良くなった里山や耕作放棄地なども哺乳類を里へと引きつけている大きな要素となっているようだ。

人馴れ

タヌキが都市近郊の住宅地でも頻繁に見られるようになった。また、サルは人家の屋根を渡り歩き、隙あらば人家に侵入、食べ物を漁る。人家の軒下でゴミ箱に頭を突っ込むクマの姿もある。

宅地、別荘地開発で人間が野生哺乳類の生息地を侵し、人と哺乳類の異常接近が起きている例もまだ多い。そのような場所や農耕地に出てきても追われることなく、残飯や農作物にありつける野生動物は人を恐れなくなっている(写真5-4)。また、あいかわらずの餌付けも人馴れが進む原因となっている。これら人馴れが進んだ動物は、これから農山村ばかりではなく、都市にもどんどん進出してくるだろう。人身被害の増加や人獣共通感染症の流行の恐れもある。[26]

農山村と獣たちの行く末

農林業被害の発生に対し、様々な防除法がとられている。防除法は、被害軽減のための働きかけを何に対して行うかによって、次のように分類できるだろう。①加害する動物の行動を制御する方法(電気柵、防御網、忌避剤、追い払いなど)、②加害する動物を除去する方法(駆除捕獲、個体数調整)、③農業生産システムの工夫による方法(栽培

写真5-4　屋根の上のニホンザル（福島県）

作物の種類、栽培方法、植えつけの配置を工夫するなど、被害に遭いにくくする）[27]、④生息地を管理する方法（森林に加害獣の食物となる樹木を増やすなど）。

生息地の管理は6章で述べるように難しい問題をはらんでいるのでさほど進んでいないが、それ以外では、効果の認められる様々な方法が個別にある[28]。改良の余地や開発すべき技術もまだあるが、今や妥当な対応が一通り可能である。

しかし、被害は一向に減っていない。現在各地でとられている対応を見ると、捕獲に頼りすぎその他の方法による防除や予防がおろそかになっていることがよくある。加害する個体をどんどん作り出しながらそれを捕るという非効率的でかつ、個体群の保全という課題にも抵触する矛盾に満ちた方法をとっている場合が多いのだ。駆除や個体数調整として二〇〇三年度にはシカ約五万頭、イノシシ約六万頭、サル約一万頭、野ウサギ約一万頭などが捕獲された。

本当に被害を減らそうと思うなら、捕獲など人（猟友会など）頼みで安易に行える対策に走らず、被害実態と地域の条件にあわせて総合的、かつ計画的な対策を立案し、それを実施する必要がある。捕獲もその中で適切だと判断されれば行えばいい。実行においては、受益者負担が基本だが、被害発生の社会的背景を考えると農林家と行政が役割分担し、協力できる体制が必要だ。つまり、農林家が、自分の農地、林地を自ら守ることが基本であり、そのうえで、被害地の社会、立地条件を充分勘案しながら、また、対策の影響も予測しながら、行政が支援を行うことが必要である。

しかし、老齢化、過疎化が進んだ農山村には自らを守る基礎体力さえ残っていないところが多い。さらに農産物の価格の下落は、専業農家の離農や耕作放棄地の増加を今も加速している。その一方、行財政改革で国、地方とも農林家の支援に当たるべき行政組織やその財政は縮小している。獣害対策のための体制作りなぞ余裕がないというのが実情であろう。とはいえど、農山村は、食糧生産や環境保全という人々の生活の基盤と関わっている。この農山村に活力が取り戻せなければ私たちの将来もない。また、獣害は都市近郊の住宅地や都市そのものへも広がるだろう。

いたずらに獣たちの命を奪い取ることのないよう、また、農林家だけに被害をめぐる負担を強いることのないよう、農山村の地域振興策として長期的かつ総合的な対応が必要だと考える。

植物群落の変化

植物群落は、それを構成する個々の植物の繁殖特性、他の植物、生物や土壌など環境との直接的、間接的相互作用などによって変化する。このようにある地域の植生が、移り変わっていく現象を植生の生態遷移（植生遷移）というが、哺乳類の生息地保全を考えるうえにおいて理解しておかねばならない森林生態系についての知識の一つである。

　植生遷移においては、植物種の構成が変化するとともに、生きた樹木のサイズと密度、枯死木のサイズと密度、階層構造、下層植生の密度、ギャップのサイズやその配置の変化が生じる。これらの変化は動物が利用可能な食物と空間の種類や量、分布に影響し、その結果、動物群集の構成や密度が変化する。

林分の発達段階という概念も頭に入れておいたほうがいいだろう[29]（図5－5）。森林の植生遷移を森林の構造の側面からいくらか単純化してとらえたものがこの概念である。天然林の場合は四段階に、人工林は三段階に類型化される。

　天然林の場合、撹乱直後（林分成立段階）には、枯死木や倒木が多く、哺乳類に様々な生活場所が提供されることになる。やがてそこへ、様々な種が進入し、競争がはじまるが、やがて高木性のいくつかの樹種が優占して林冠は閉鎖し、林床植生の乏しい「若齢段階」となる。この状態は数十年続くが、その後、樹冠にギャップが生ずるようになり草本層と低木層が発達し、林内に階層構造ができる「成熟段階」となる。この状態は一〇〇年以上続くのが普通である。そのうち、高木層の中で寿命による衰退、枯死するものが出てきてギャップが生じ、そこでの低木の成長が旺盛になるとともに、枯死木、倒木なども生じて林内の空間構造がより複雑になる。これが「老齢段階」である。

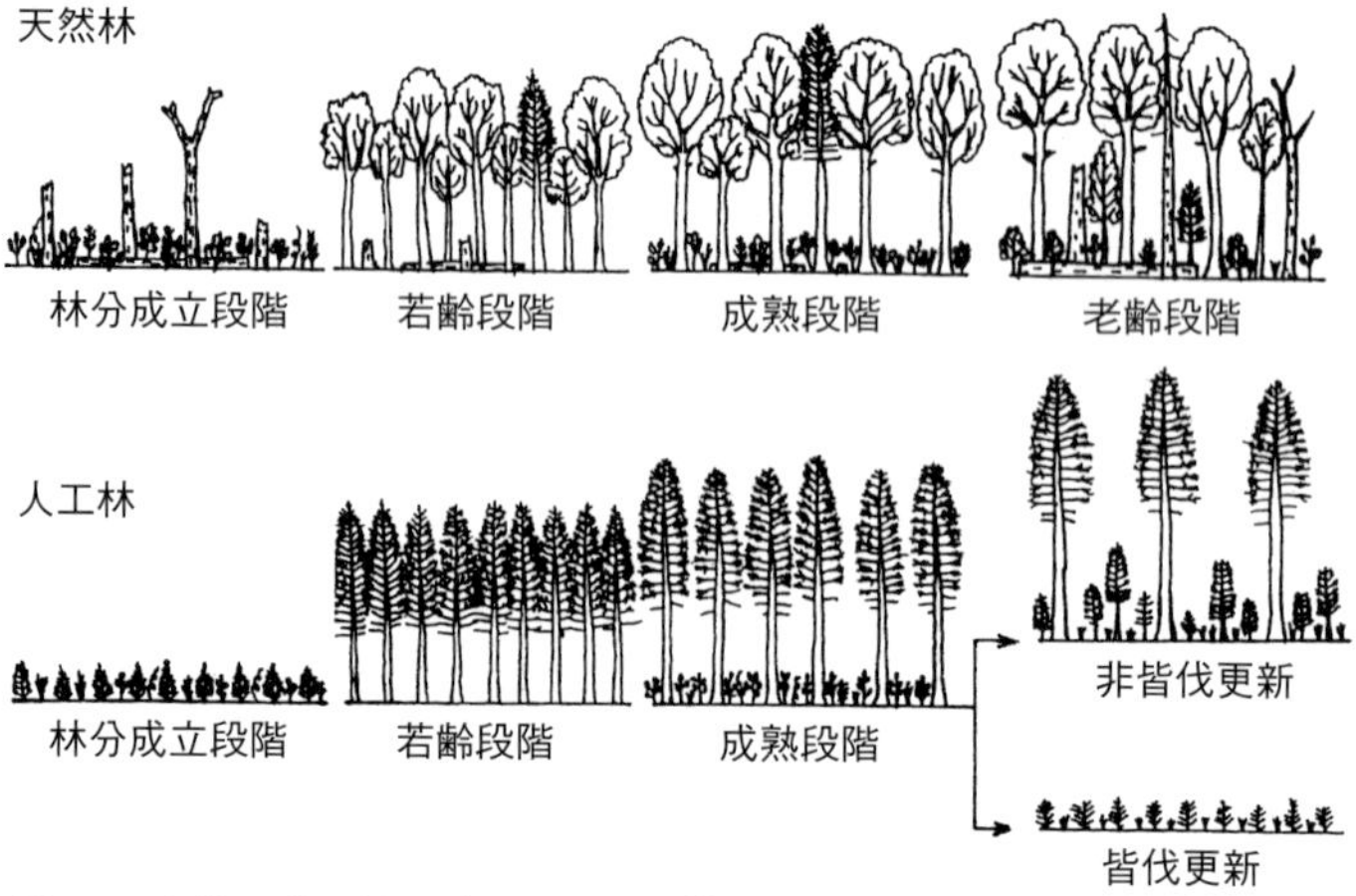

図5-5　森林の発達段階（藤森、1997）[29]

人工林の場合は、大径木が衰退する前に収穫されるのが普通であるので、寿命により衰退した枯死木や倒木がない成熟段階までの三段階が基本となる。当然、林分成立段階においても枯死木や倒木はない。

人工林では植栽以降の時間経過にともない、様々な植物種が侵入し二次遷移が進行する。その変化の仕方は過去の撹乱程度、種子の供給源からの距離、その林地を利用し種子散布に貢献する可能性のある動物種、植栽種の特徴、林齢と関わりがあると考えられる[30]。

ある地域に目標の動物相を成立させ、保全するためには、その哺乳類相がその地域のどの植生遷移の段階（あるいは森林の発達段階）と結びついているのかという知識とその地域の植生遷移（森林発達）の過程についての知識をもとにすれば、どのような段階でどのような作業をなすべきか森林管理の計画を立てることができるだろう。

6章
生息地としての森林管理

6・1 生息地管理の可能性

シカによる林業被害の変異

野生哺乳類による林業被害ではニホンジカによるものがもっとも深刻だ。ニホンジカによる造林木への主な被害には、①幹を角で擦り傷つける被害（写真6-1）、②若い樹木の枝や葉の食害（写真6-2）、③幹の剥皮食害（写真6-3、6-4）、④一、二年生の植栽木の踏みつけによる被害と四形態がある。枝葉への食害が問題になるのは植えてからせいぜい五年間くらいであるが、角擦りや幹への剥皮食害はその後壮齢林になるまで続く可能性がある。つまり、ニホンジカによる造林木被害は一つの造林地で植栽直後から収穫時期まで形を変えながら次々と発生する可能性があるのでやっかいだ。

このようにニホンジカによる造林木被害は、林齢により加害形態が異なるが、さらに興味深いことに、北日本や南日本など地域や、また同じ地域においても局所的な条件などによって多様な様態を見せる。この節の最後に述べるように、このような被害の変異は林地の状態と被害が関係していると、さらには森林管理の工夫によって被害の軽減が図れることを示すものだと私は考えている。まずは、森林管理と直接は結びつかないものも含めてこの被害の変異の全体を概観してみよう。

地域によって被害の様態が異なることは小泉透さんが指摘している。[1] ニホンジカによる被害が発生している地域のほとんどでは、枝葉や幹の食害が大きな問題になっているが、島根県[2]や山口県の被害はオスジカによる角擦りによるものが主である。また、同じ枝葉食害であっても、地域によって発生

写真6-3
ニホンジカによるスギの
剥皮食害（兵庫県）

写真6-2
ニホンジカによるスギの
枝葉食害（岩手県五葉山）

写真6-1
ニホンジカによるカラマツへ
の角擦り跡（岩手県仙人峠）

写真6-4　ニホンジカがスギの樹皮を剥ぎ食べている（岩手県五葉山）

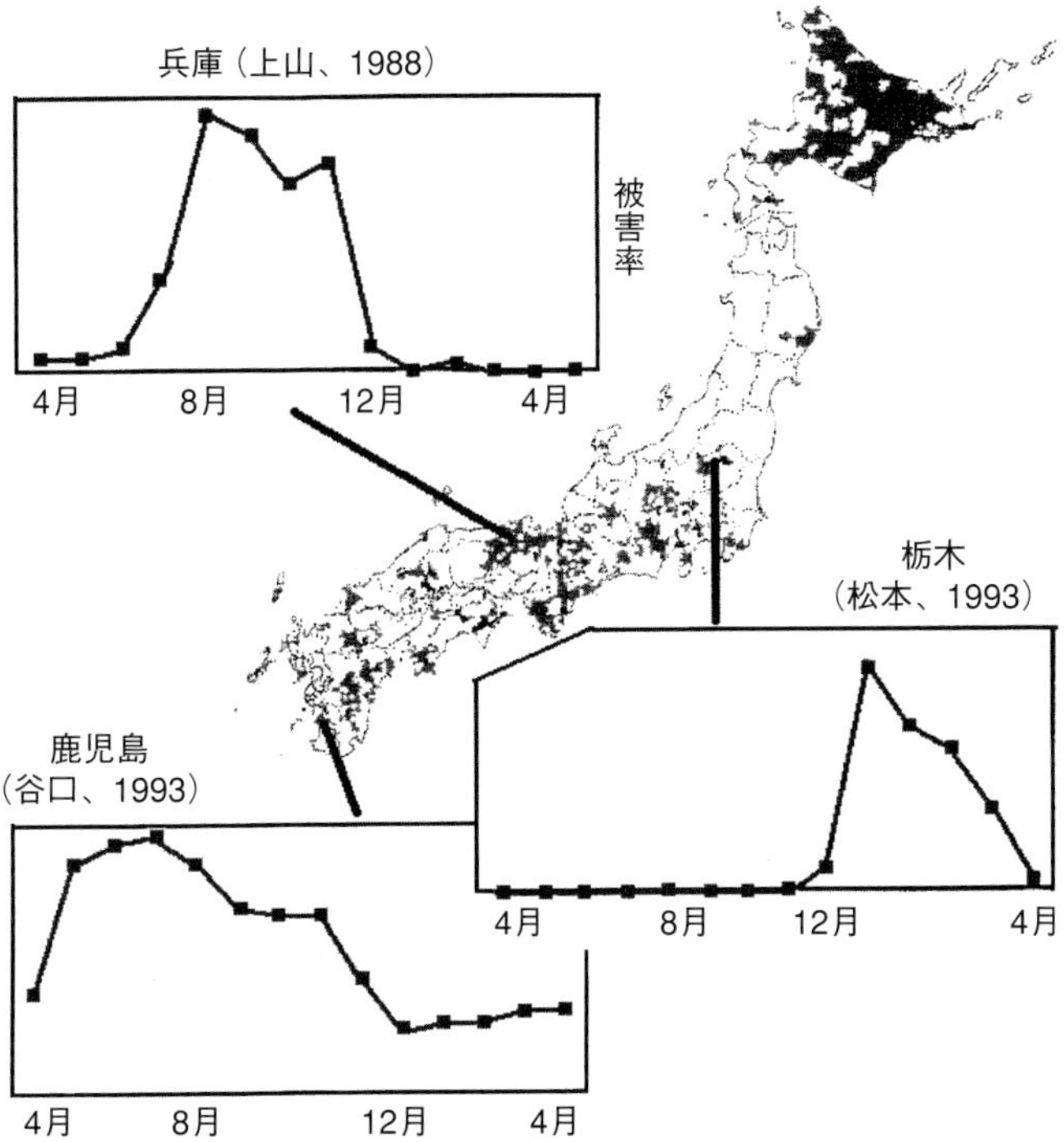

図6-1　ニホンジカによる針葉樹人工林への枝葉食害発生時期の地域差

時期が異なることが知られている（図6－1）。たとえば、鹿児島県では、一年中発生しているが、[3] 栃木県では落葉期で食物現存量の低い時期に発生し、[4] 兵庫県ではその逆のパターンが認められている。[5] 小泉さんは地域による食物環境の違いがこのような被害発生時期の違いと関連しているのではと推測している。

　また、造林樹種によって被害の受けやすさが異なる。岩手県で多数の林分の被害を調査した結果によれば、被害総面積は植栽面積の広いスギでもっとも大きく、次いで、アカマツ、その他と続いた。一方、樹種による被害の受けやすさの違いを反映していると考えら

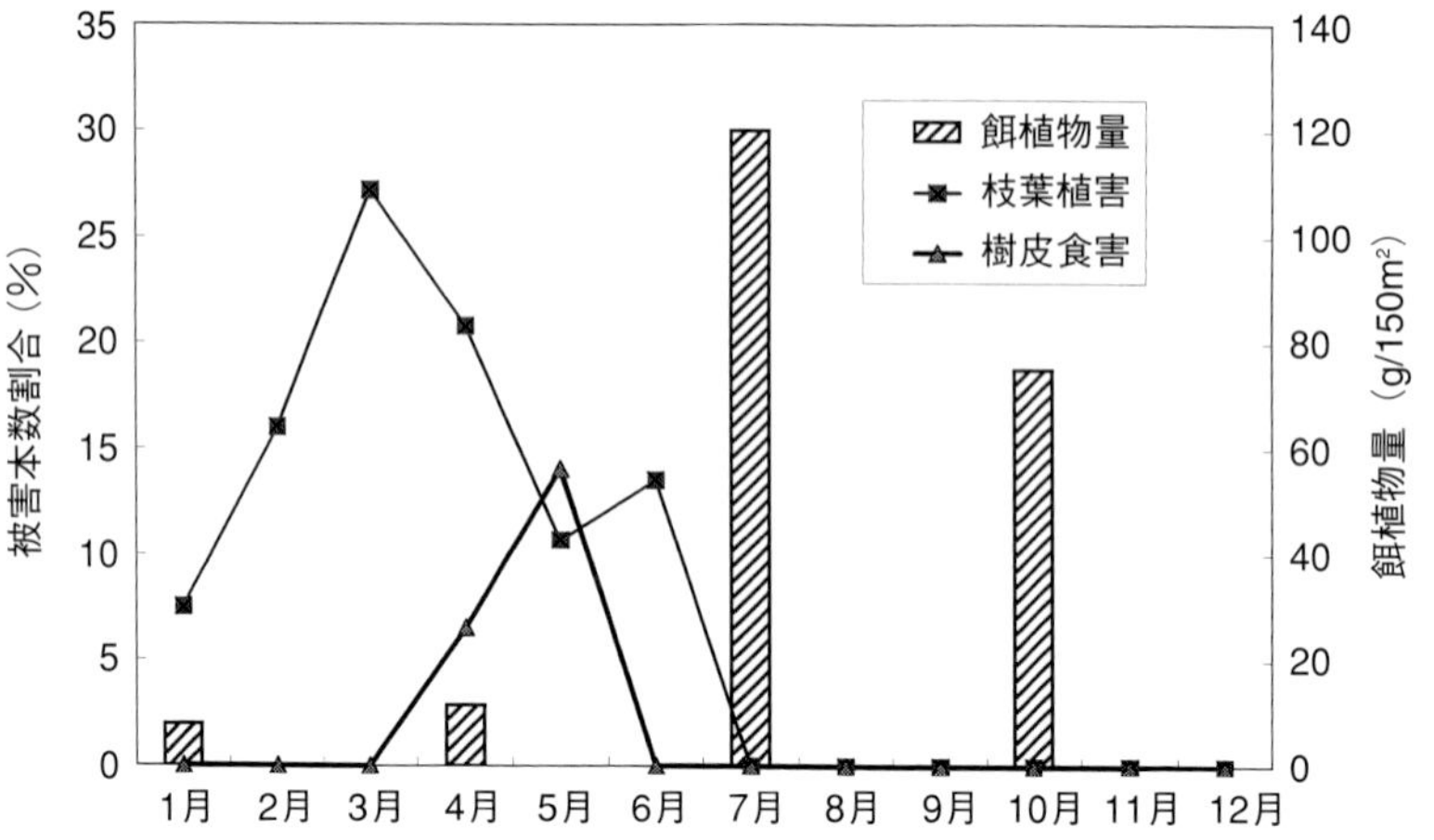

図6-2　岩手県のスギ人工林におけるニホンジカによる被害発生時期（大井、1999）[7]。
餌植物量の調査は1、4、7、10月のみ。

れる林分ごとの被害発生本数率を比較するとヒノキ、アカマツがスギ、カラマツの値より高かった。このように樹種により食害の受けやすさが異なることは飼育個体への給餌実験でも確かめられた。[6]

さらに、被害形態により被害の発生時期が異なることも指摘しておくべきであろう。これも岩手県で調査した事例であるが、枝葉食害の発生時期と樹皮食害の発生時期が同じ林分でも異なったのだ。六〜九年生のスギの造林地に四〇センチメートル程度のスギの苗木を新たに下木植栽し、毎月被害の発生を観察した。[7]

この地方では食物となる植物の現存量は大きく季節変化する。食害の発生時期は、食物となる植物の現存量の低い時期と一致した。この調査は半島部と内陸部の充分離れた二林分で行ったがまったく同じような結果となった。同じ落葉広葉樹林帯の栃木県型の被害発生パターンである。注目したいのは、枝葉食害がこの時期全般にわたって発生したのに対し、剥皮食害はこの時期の後半の短い期間にのみ発生していることである（図6-2）。

枝葉食害、剥皮食害とも食物の利用可能量と関係があるようだが、被害形態による発生時期のずれは、それ以外の要因も被害発生と関わっていることを示唆している。それ以外の要因には、樹皮の栄養含量や樹皮剥ぎのしやすさの季節変化[7]、さらにシカの飢餓状態の変化などが考えられる。

また、角擦り被害は秋に集中した。ニホンジカの角はオスだけに生えるので角擦りはオスの仕業である。オスジカの角は毎年春に生え変わり、柔らかい皮膚が角の原型をおおった袋角の状態から、夏から秋にかけて骨質化した枝角の状態に変化する。この際に、角を木に擦りつけ皮膚を剥離させる行動を頻繁に行う。また、秋はニホンジカの発情期に当たり、オスがメスをめぐって互いに激しく戦い合う季節だ。この時期の角擦りは、自己主張のためのマーキング行動だと考えられる。

さらに、複数の造林地（三～九年生）で剥皮食害を受けたスギの本数率を調べ上げたことがある[8]。調査地とそれぞれの場所での被害発生本数率を見てみると、高い本数率を示す場所の隣に無被害地や低い被害率しか示さない場所があることがわかる（図6-3）。被害程度は局所的な場所の条件に左右されているようだ。

このときは、同時にニホンジカの糞粒密度と植栽木以外で食物となる植物の現存量も調べた。糞粒密度はニホンジカによる土地の利用頻度の指標、場合によってはニホンジカの個体群密度の指標と見なせると考えられるが、この糞粒密度と被害本数率には低いが有意な相関が認められた（図6-4）。すなわち、一般的傾向としてシカがよく使う造林地で被害がよく起こるという当たり前のことが、まずいえたわけだが、それより重要なことは、相関はあるけれども相関係数は低いというこ

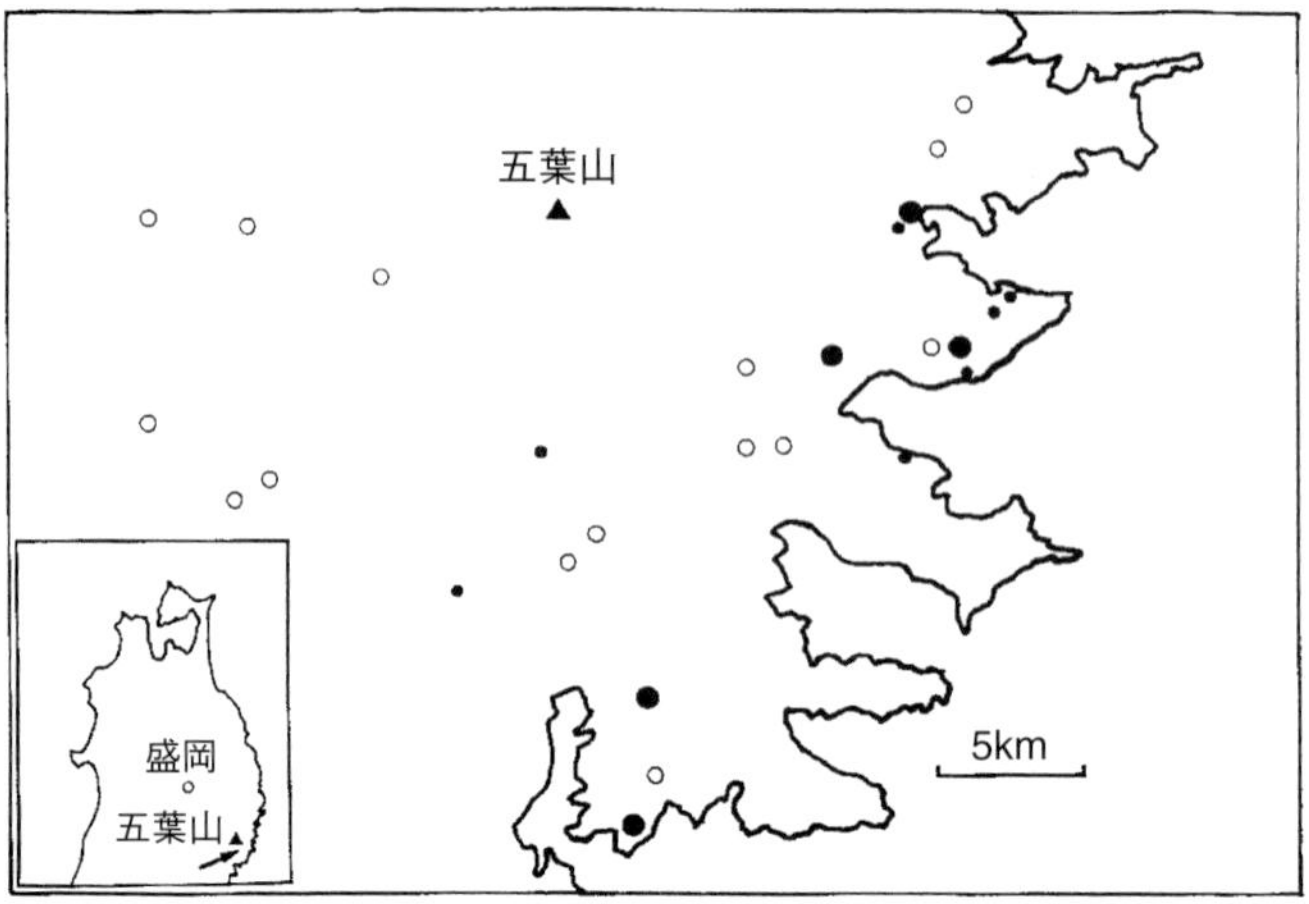

図6-3　岩手県のスギ人工林におけるニホンジカによる剥皮食害の被害発生本数率（Oi & Suzuki, 2001）[8]。丸印は調査林分。○は0％、小さな●は20％未満、大きな●は20％以上の被害発生本数率。いずれの調査地でもニホンジカの生息は認められた。

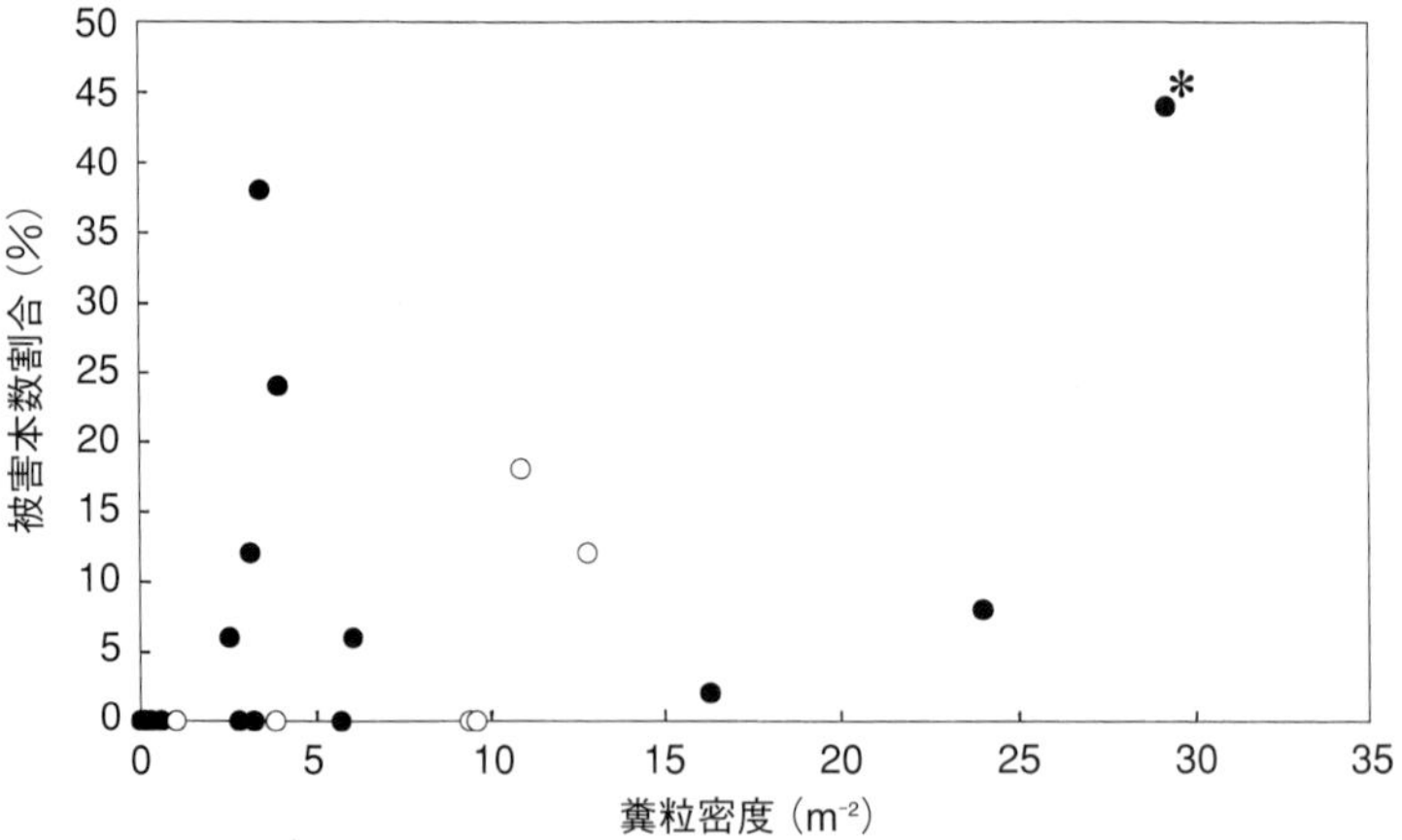

図6-4　岩手県のスギ人工林におけるニホンジカの糞粒密度と被害発生本数率の関係（Oi & Suzuki, 2001）[8]。＊の付いたデータを除外しても相関が認められる。

とにある。いいかえると、例外がけっこうあり、糞粒の密度が高くても被害の低いところ、逆に糞粒密度が低くとも被害の高いところがあるということだ。すなわち、シカによる造林地の利用頻度、ないしシカの個体群密度以外にも被害の程度に影響している要因がある可能性が高いと考えられた。

そこで、造林地内のスギ以外の食物量との関連を検討したのだが、残念ながら有意な結果は得られなかった。造林地はシカの行動域の一部であるので、行動域全体の食物となる植物の量が被害の程度に関係している可能性があり検討してみる必要があるだろう。千葉県での調査では、嗜好性の高い禾本科の多い農地付近の林地の下層植生は農地から離れた林地より採食による影響が少ないことが示されている。すなわち、ニホンジカによる植物群落への採食強度は付近に食物条件のよりよい場所があるかないかによって変わる可能性があるのだ。このことから、造林地の被害発生の程度についても、隣接地の食物の状態が関係している可能性が推測できる。

そのほか、造林木への被害の程度の局所的な違いには、造林木の品種による食べられにくさの違いなども関係しているかもしれない。

ニホンジカの被害において、様々な被害形態があることを示してきた。角擦りという性に特異的な被害もあるが、これらの被害を引き起こしているのはすべて一種類の動物である。多少の変異はあれ形態的、生理的に同じ動物が出す被害に、これだけの変化があるのだ。加害動物の特性、加害される植物の特性、加害地の環境条件が重層的に関与することで生じた変異であると推測されるが、被害防除の根本的な解決策はこのような被害実態を一つ一つきちんと把握し、検討を積み重ねることから明らかになると思われる。また、局所的な条件によって被害実態が異なることは、被害の出ている造林地やその周辺生息地の管理状態が被害の発生や程度と関連していることを示唆している。すなわち森林管理を工夫すれば被害を軽減できる可能性を示していると思われる。

前節では森林管理によって被害にあいにくい造林地が作れる可能性を示した。また、1章で述べたように山の果実が凶作の年にはニホンザルやクマなどによる農業被害が増加することが知られており、森林の状態は農業被害の程度と関係していることが強く示唆されている。

森林の機能と哺乳類の保全

一方、森林生息地の分断は野生哺乳類の自由な往来をさまたげることになり、その繁殖にも大きな影響を与える。私たちの研究から東北や近畿のある地域では大きな河川がクマの移動をさまたげ、その両岸で遺伝的分化が生じていることがわかっている。これにはメスグマが出生地付近に執着、定着するという行動傾向も関係していると考えられるが、身体が大きく、移動能力が高いクマですらこのような状態なので、その他の地上性哺乳類についても森林開発や交通路網による生息地分断の影響が心配される。

このように、森林の状態は、野生哺乳類による被害の程度や彼らの存続と大きく関わっており、この関係を森林の機能ととらえれば、森林には、哺乳類の保全や農林業被害の軽減の機能があるといえる。

このような機能発揮のための森林管理、すなわち野生哺乳類の管理のための森林管理やそのための研究においては、哺乳類の種特異的な生息地要求と生息地である森林の生態についての理解がもっとも重要である。ことに、森林の撹乱後の植生変化、すなわち植生遷移や林分の発達について理解が重要である。また、人間の手では制御できない環境要因の周期性や影響について理解をしておく必要もある。

野生哺乳類の保護管理を目的に森林の管理に実際に当たる場合には、森林科学や動物生態学などの専門的な知識や技術を駆使しながら、森林に対するその他の社会的な要求や利益との調整も必要となる。なぜなら、森林は土壌・水資源保全、保健文化、二酸化炭素の固定など様々な環境機能の発揮と木材の生産機能など経済活動が期待される場でもあるからだ。

さらに、ある特定の生物種や類似の生息地要求を持つ複数種の管理を目標にすると他の種にマイナスの影響を与える場合があるので、絶えず他の生物への影響を考えることも必要である。必要な生息地面積が大きく、その種の保全が図れれば自ずと多数の生物種の生存が保障されるという、いわゆるアンブレラ種を保全目標種とすれば、他の生物の保全との調整はとりやすいだろう。また、複数の種の分布や生息地要求についての属地的な情報を同時に扱える地理情報システム（ＧＩＳ）の活用も必要となろう。

6・2　森林施業と哺乳類

人工林　日本の森林面積の約四一パーセントは人工林で、木材生産の場となっている。そこは低・中標高域で、野生哺乳類の生息密度の比較的高い地域でもある。農耕地や人間の居住地域とも近い。

木材の収穫を目的とした人工林では、伐採によって森林の植生が劇的に変わる。生息地の撹乱は当然、そこに棲む野生哺乳類の生活も撹乱することになるので、撹乱のあった地域のみならず隣接地域にも様々な影響がある。このような土地においてこそ、哺乳類への影響に配慮した森林管理を行う必要があろう。

もし、哺乳類の研究者が、森林の所有者や森林管理の担当者と一緒に仕事を行えれば、野生哺乳類の行動域利用や採食行動についての仮説を実験的に確かめることができる場合もあるだろうし、哺乳類のための森林管理の方法について具体的に検討することもできる。将来、そのような場面で活躍する哺乳類研究者のために森林施業法の解説もしながら、森林施業の哺乳類に与える影響について述べてみよう。なお、森林施業法については、『林業技術ハンドブック』(全国林業改良普及協会)と『ニューフォレスターズ・ガイド』(同協会)を参考にした。

樹木を伐採し新しい林を作るための一連の作業体系を森林施業法とよぶ。森林管理においてそこに生息する哺乳類に大きな影響を与えたくない場合には、諸作業によって作り出される撹乱のパターンは、なるべく自然に生じる撹乱に近いものにすべきである。

人工的に森林を更新するための作業を並べてみよう。まず、伐採であるが、この作業によって森林生息地に多かれ少なかれ草原的要素が進入することになる。カモシカやニホンジカが食物とする下生えの量は伐採が行われた後、急速に増加し、造林木が成長し林冠が閉鎖するにしたがって減少するが、[10-13] カモシカ[14,15]やニホンジカの生息密度[13]もそれに応じて変化することが知られている。

次に行われるのは地ごしらえとよばれ、雑草、雑木や残材を整理し、若木の世代交代のための場所を用意するための作業である。そして、人工植栽の場合は植つけが行われる。その後林分の成長期に行われる行為は保育という。この作業は、雑草を刈り払い苗木の成長をうながす下刈り、つる植物の巻きつきによる造林木の幹への食い込みや光合成阻害の悪影響を除くためのつる切り、主に目的樹種以外の木を伐採し目的の樹木の生長をうながす除伐、呼吸によるエネルギー消費に偏る下枝を取り除くとともに節のない材木をとるための下枝打ち、目的の林木間の競争を減少させ、残った木の成長率を高めるために特定の木を伐採する間伐などがある。

以下に、一般的な更新、地ごしらえ、保育の方法と、それらの森林性哺乳類への影響についてもう少し詳しく概説する。

皆伐

日本の人工林のほとんどは、スギかヒノキの単一樹種からなる丈のそろった林である。スギ、ヒノキなど成長が早く加工のしやすい特定の有用樹種を対象に、画一的な管理のしやすい同齢林の成育を目指す施業（針葉樹単層単純林施業）が行われてきた結果である。この施業は、存在する林分を完全に、あるいは大部分を伐採し更新面を作ることにはじまる。この方法では、広い面積に単純な森林を作ることを目的とするため、伐採、保育など一連の造林作業が比較的簡単かつ効率良く行えるとともに、機械や林道などの設備投資の効率が良いと考えられた。一九五〇〜六〇年代の拡大造林（一区画数十ヘクタール）はほとんど皆伐法によって行われた。

この皆伐のバリエーションには帯状皆伐や皆伐母樹保残法がある。帯状皆伐とは、伐採区画の幅を伐採面側方の樹高の二〜三倍で帯状に伐採、側方の樹木に気象害から更新木を守る役割や種子を供給する母樹としての役割を期待する方法である（図6-5）。母樹保残伐とは、五〜八割の上層木を伐採し、残りは種子や被陰を提供するための母樹として伐り残し、更新が完了してから残されていた母

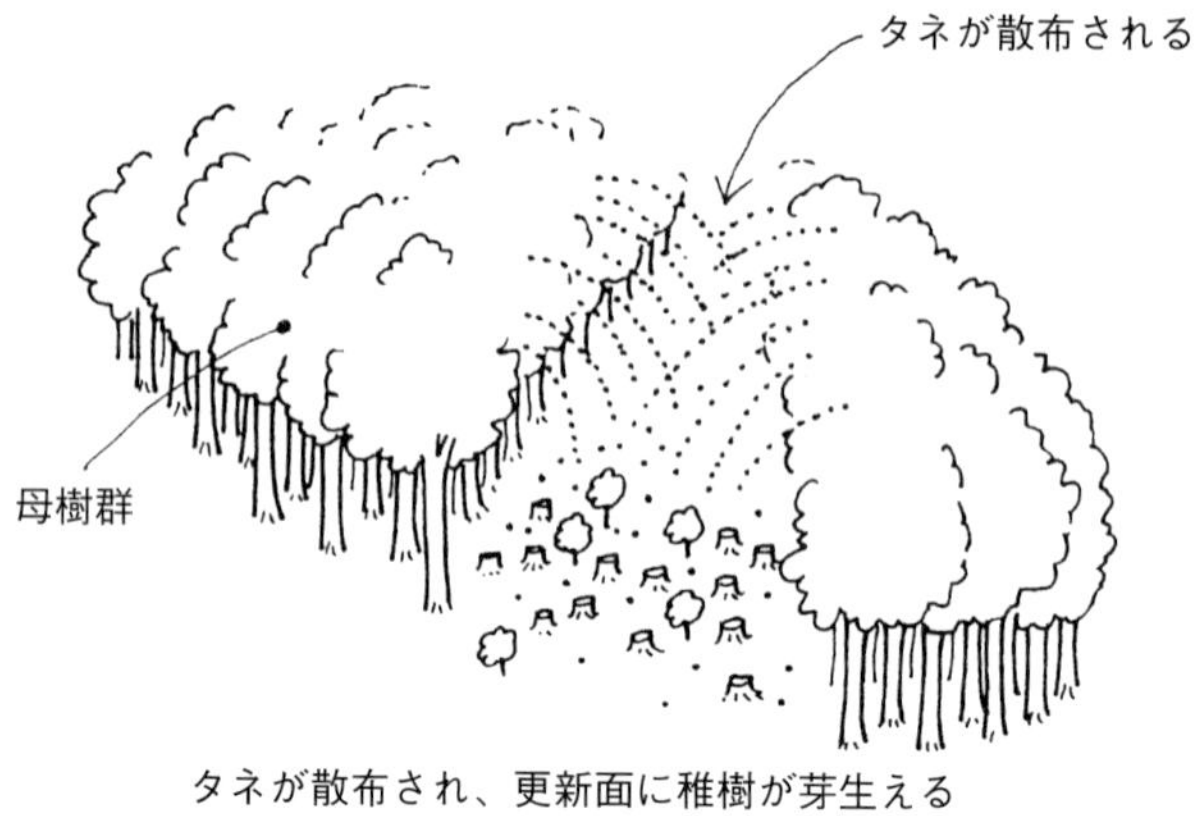
タネが散布される
母樹群
タネが散布され、更新面に稚樹が芽生える

図6-5　帯状皆伐（桜井、1996）[16]

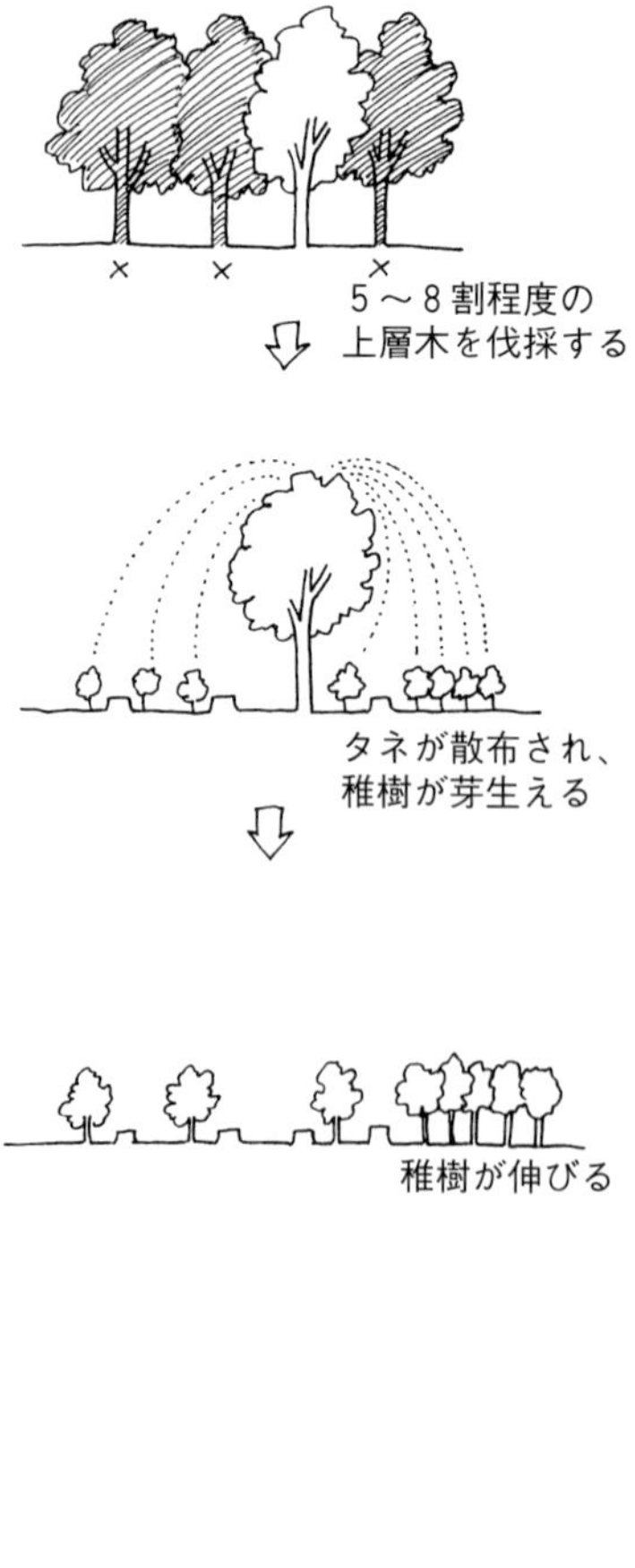
5～8割程度の
上層木を伐採する
タネが散布され、
稚樹が芽生える
稚樹が伸びる

図6-6　母樹保残伐（桜井、1996）[16]

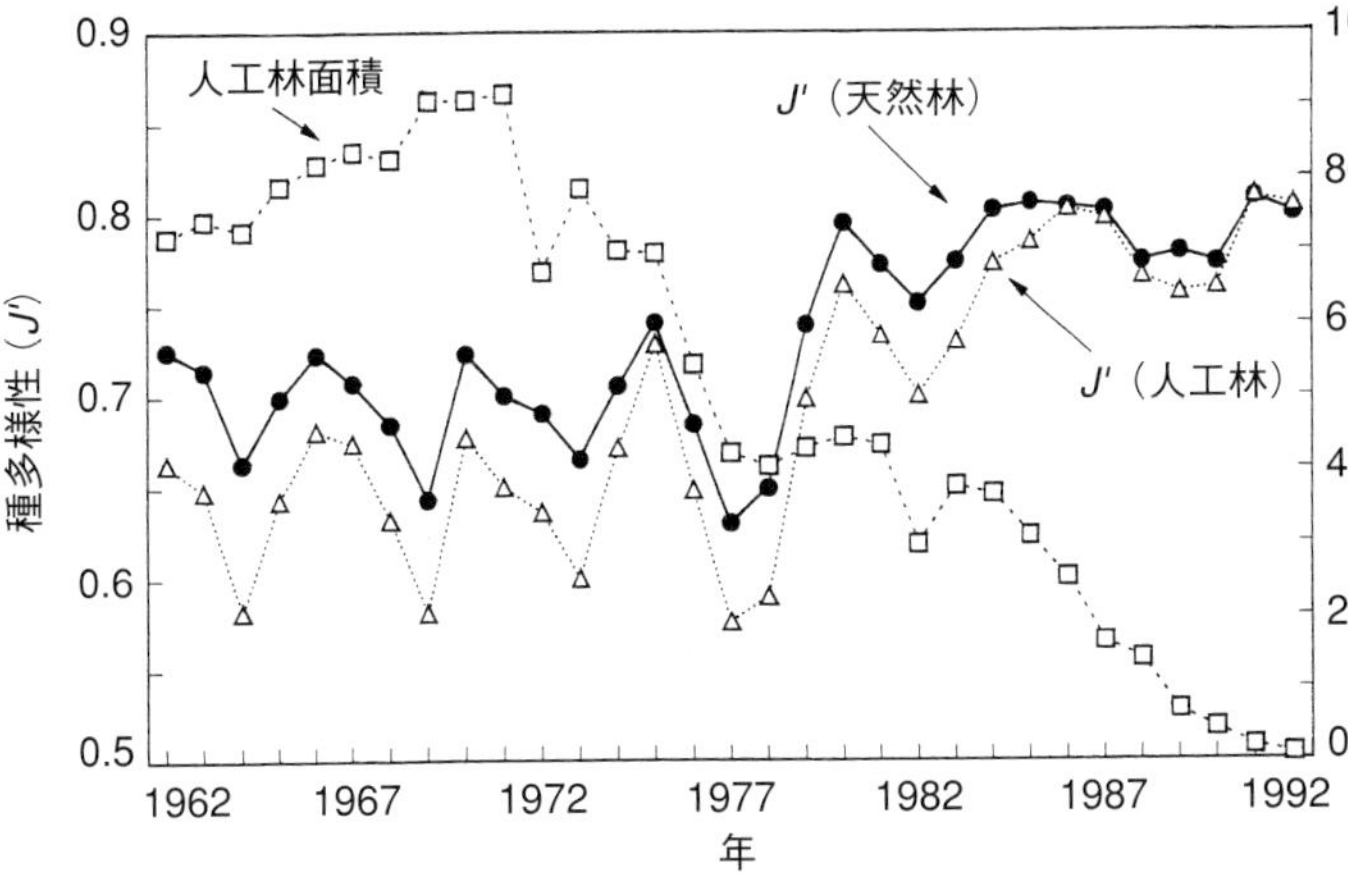

図6-7　北海道における新植造林地面積と野ネズミの種多様性の変化（Saitoh & Nakatsu, 1997）[17]。種多様性の指標としてシャノン・ウィーナー指数（種構成の均等性を表す指数J'）を用いている。

樹も収穫する方法である（図6－6）。

皆伐後の再生は種子をまくか実生を植えることによって人工的に誘導するか、隣接林分からの種子散布により自然にはじまることを期待する場合もある。

皆伐では、①一時に大量の有機物が林外に持ち出され、生態系の物質循環が大きく攪乱されるので、地力、水土保全能力が低下する、②生物多様性が大きく損なわれ、気象、生物被害を受けやすく不成績造林地に終わる場合も少なくない、③炎天下での下刈りなどきびしい作業をしいられるなど、弊害が問題となり、現在は、非皆伐的施業に切り替えていこうという動きもある。

成熟した林分の皆伐はその場所を利用していた哺乳類の生息環境を劇的に変化させるので、哺乳類相に大きな影響を与える。北海道の造林地面積と野ネズミ群集の種の多様性の関係を分析した研究では、新植造林地面積が急激に減少しはじめた一九八〇年前後に野ネズミ群集の種の多様度が増加するとともに(図6－7)、捕獲された全ネズミ数に対する優占種エゾヤチネズミの割合が減少していったことが示されている。[17] 一九八〇年ころは、北海道で森林施業の方法を皆伐から非皆伐に転換した時期に当たる。つまり皆伐施業が北海道の森林構造を単純化させ、それがカラマツの加害獣であったエゾヤチネズミを超優占種化させ、同時にネズミ群集の種の多様度を減少させていたと考えられた。

森林性哺乳類が伐採跡地を利用できるかどうかは、伐採面の大きさと形状に影響を受けることが多いと考えられる。柔らかい青草が茂り、漿果の実る開けた伐採跡地は、植食性哺乳類にとっては良い採食の場所だが、捕食者から身を隠せる場所までの距離が、その場所が実際に使えるかどうかと関係している。

岩手県五葉山の皆伐地で行われた糞粒密度を指標にした調査では、この地域のニホンジカによる皆伐地の利用は林縁から一五〇メートル以内で多く、それより外では急激に減少することが報告されている。[18] また、森林がいくらか成長した後でも、多雪地帯の皆伐地は冬になると広大な雪原となる。小・中型哺乳類にとって、そこはイヌワシなどの捕食者に完全に身をさらさざるをえない大変危険な場所である。野生哺乳類の保全を目的とする場合には、どのような更新法を用いた場合でも、食物と隠れ場所の両方を残す配慮が必要である。

非皆伐

伐採によって広い裸地ができないよう伐採地の面積を限る伐採方法を非皆伐という。上木の樹高の二倍以内の一辺または直径を持つ伐採地を作って更新を図る方法は非皆伐施業と見なされる。非皆伐施業によると人工林に階層構造、つまり複層林を作ることができる。日本の天然林は複相林であり、生物多様性の源の一つもその特徴にあるので、自然の状態を見習って生物多様性を増す方法として評価される。また、植生が広い面積にわたり剥ぎ取られることがないので土壌の保全の面においても有利である。また、林分に絶えず樹木が残るので、果実の生産木をいくらか残せばそれを止まり木にしたり採食にきたりした鳥獣による種子散布更新を期待できる。

非皆伐法により複層林を作る方法には、短期二段林施業、長期二段林施業、常時複層林施業、群状複層林施業、帯状複層林施業とよばれる方法がある。

短期二段林は最終間伐の跡に苗木を植え込み、下木が下刈りの必要のない大きさに達したら上木をまとめて伐採する方法である（図6-8）。施業の期間はおおよそ二〇年以内である。短期二段林施業では、成熟段階から広葉樹を中心とした低木層が発達してくる。木材生産を目的とする施業で目的樹種以外の樹種の層が加わって成立した複層林を生態的複層林とよぶが、短期二段林は生態的複層林の機能を重視したものである。長期二段林施業は二段林の状態を二〇年以上維持した後に上木をまとめて伐る方法である。これらの方法では伐出に当たって下木を傷つけないよう、また林内を荒らさないために高度の技術が要求される。

常時複層林施業、群状複層林施業、帯状複層林施業は択伐施業のカテゴリーに含まれる。択伐法では、後継樹のための空間を作るために、上木を一本単位か何本かの集まりで伐採する。更新のための空間は比較的狭いので、成立した更新地に優占するのは、耐陰性のある樹木である。苗木の植え込みもするが、散布されたりリターの中に溜まっていたりした種子の発芽、すでに生えていた実生や若木、萌芽による更新もある。択伐法においては個々の樹木は交代するが森林の概観は大きくは変わら

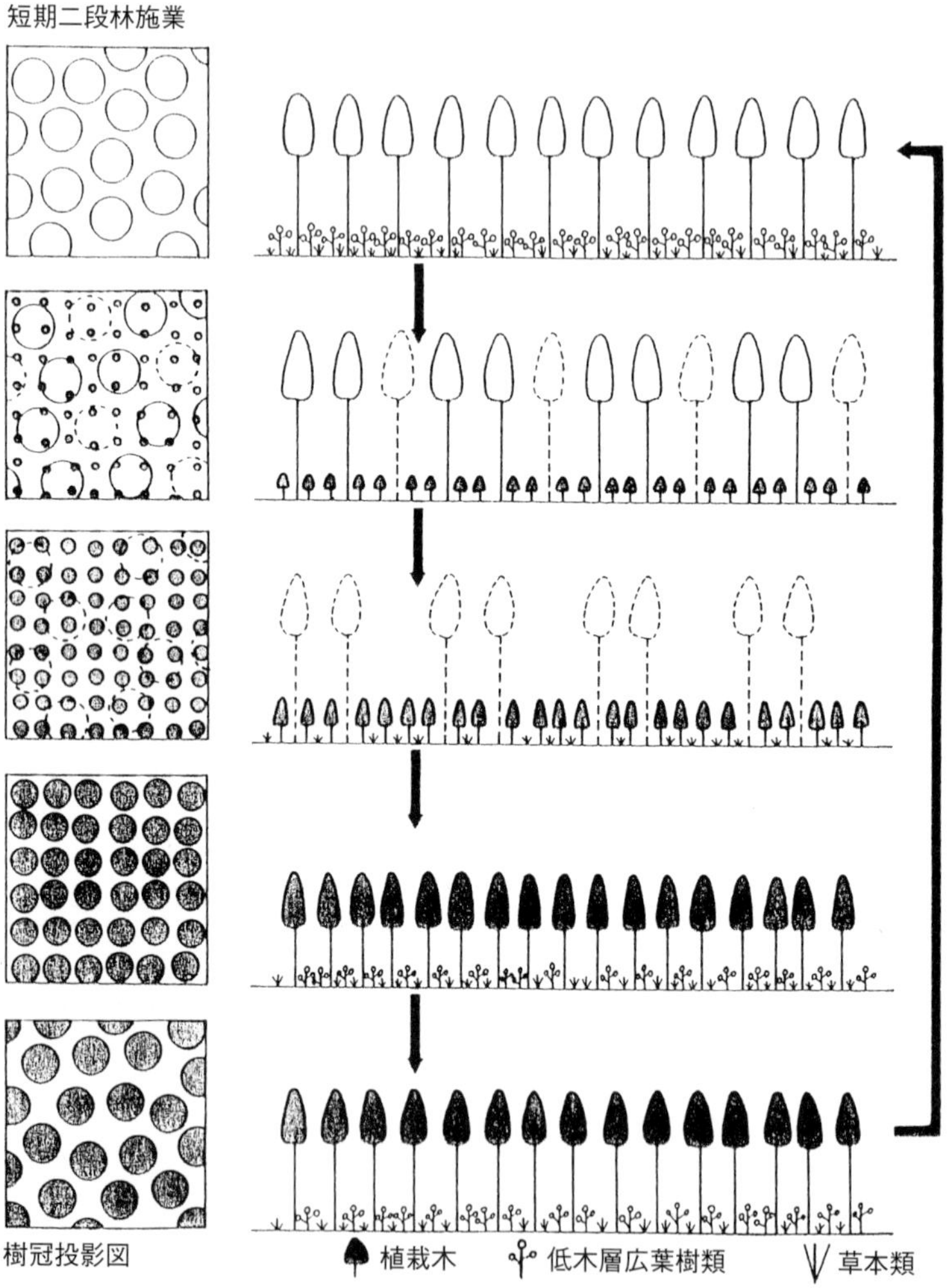

図6-8　短期二段林施業。更新期間を二段林でつなぐため、林地が裸地にならない（藤森、1996）[19]。藤森隆郎『ニューフォレスターズ・ガイド』全国林業改良普及協会、1996より。

ない。

常時複層林施業では一本単位で択伐し、群状複層林施業では、小さな面積で隣接した一群の成熟木を伐採する。伐採跡地の直径は高木の樹高またはそれより大き目が上限である。それぞれのギャップで更新した木の齢は比較的一様になるが、林分の全体を見ると異なる齢クラスの木が混在することになる。いくらか非耐陰性の樹種も生えてくるので野生動物の食物の供給にはいいかもしれない。

帯状複層林施業は、帯状に伐採面を作る方法であり、伐採幅は高木の樹高以内とし、帯の方向は伐採の容易さを目的に斜面の方向に設けることが多い。

非皆伐法は森林生態系に攪乱をあまり与えないように提案されてきたが、森林に水平的、垂直的にも不均一性を作り出し、植生の多様性を生み出すので、野生哺乳類の多様性にも貢献できると考えられる。一方、この方法では、集材と保育のための作業道、林道の路網が密に必要となる場合があり、それらの野生哺乳類への影響を配慮しなければならない。

地ごしらえ、保育

地ごしらえ、保育の方法も、森林植生の構造と構成に影響を与え、ひいては野生哺乳類にも影響を与える。地ごしらえと保育により影響を受ける生息地要素は、地表面の木屑の密度と分布、下層植生の量と構成、食物を供給する樹木の数と生育状態、枯死立木の数などである。

地ごしらえの第一の目的は、自然あるいは人工的な更新のための場所を準備し、若い木と競争する植生を減らし、伐採によって生じた木本屑（残材）を処理することである。時には火入れも行われる。潔癖な地ごしらえにより、隠れ場所を除くことになり、小哺乳類による食害をいくらか防除でき

写真6-5　ニホンジカの食害の防除試験でヒバの大苗を植えた（岩手県五葉山）

る。

一方、ニホンジカなど大型哺乳類による苗の食害が問題になる場合には、食害防止用のネットの設置や問題となる動物の捕獲などにより植えつけのときより防除を考える必要がある。防除のために苗の周囲に残材を利用して障害物を作っておく方法もある。また、カモシカやニホンジカによる枝葉食害に対しては一メートル以上に育った大苗を植栽する方法もある（写真6－5）。この場合であっても、ニホンジカが生息している場合には、樹皮食害、角擦り害をこうむる可能性があることに注意しなければならない。

保育の目的は、選択された木の成長を促進することと、林分中の樹種構成を目的に応じて変化させることである。下刈りは、造林木の光環境を良くし、造林木の幹曲がりを防ぐためにおおいかぶさってくる雑草や潅木を刈り払うことである。スギを植栽した場合の標準的な作業仕様では植栽後約六年間行われる。

潔癖な下刈りは哺乳類の食物量を減らし、造林木への集中的な食害を引き起こす可能性があるので注意が必要である。造林木の周囲一メートル四方程度を刈り払う坪刈りにとどめておいたほうがいい場合もあるだろう。

間伐は保育の中でも重要な作業だが、目的木の密度を管理し木の成長を促進するために、特定の木を除く作業である。密度管理をするためだけで、小さくて売れない木を伐る間伐は保育間伐とよばれている。また、木材の一部あるいはすべてを売ることを目的にした間伐は収穫間伐とよばれている。本数間伐率で二〇パーセント以上でないと林内の光環境は大きく改善せず下層植生の十分な発達が期待できないが、逆に四〇パーセント以上だと気象害に対する抵抗力が弱まるので、それ以内で間伐されることが求められている。

間伐により森林下層において哺乳類の食物となる植物を増やすことができるので、長期間にわたって下層植物の成長が抑制されることの多い密な同齢林において重要である。南九州の間伐が適度に行われているスギ人工林の樹木調査によれば四五年生以下では、つる植物と風散布植物が森林下層に多くなり、四六〜六〇年生では、より高齢になればなるほど、その地域の常緑広葉樹林で典型的な樹木や重力散布や動物散布の樹木を下層に多く含むようになったことが報告されている。つまり、人工林であっても必要な手入れがなされていれば、高齢になればなるほど自然林の要素が多く含まれるようになり哺乳類の生息地としては良い状態になると考えられる。[20] また、林床のササの処理も重要で、除去することにより林床植生の種多様性は増加する。

写真6-6　ツキノワグマによるスギへの剥皮食害、いわゆるクマ剥ぎ（京都府）

間伐には別の効果もある。秋田県や岩手県の一部では、イヌワシの生息地改善のために間伐を促進する対策をとっている。間伐により下層植生を増やしイヌワシの食物となるウサギやヤマドリの増殖をうながし、かつイヌワシが獲物を捕りに林内に飛び込みやすくするという効果をねらったものである。

クマの生息地では間伐がはじまるくらいの林齢から六〜八月にクマ剥ぎが発生する（写真6－6）。理由はよくわからないが、クマが生息していてもクマ剥ぎが発生しない地域もある。一五年生から四〇年生程度の木、なかでも二〇年生から三〇年生の成長の良い木は加害の対象になりやすい。クマ剥ぎが継続的に発生している地域ではテープ巻きを行うなど防除対策を実施する必要がある。

岐阜県根尾村における調査では、クマ剥ぎの発生率は、果実のなる陽性低木種が林床に多数成育していて、かつ見通しの良い造林地ほど低いことが報告されている。[21] 林床の見通しとクマ剥ぎの関係については別の研究でまったく逆の結果も報告されており、さらに検討を要する。しかし、ウワミズザクラの果実などクマの食物が不作でクマの栄養状態が悪い年に、クマ剥ぎによる食害量が増えたことも報告されており、林内の食物量とクマ剥ぎは関係していると推測される。[22]

アメリカクロクマもツキノワグマと同様にクマ剥ぎを行うが、やはり被害発生と食物量との関係が示唆されている。アメリカクロクマの例では、施業の方法によりクマ剥ぎ対象木の栄養含量が変わり、クマ剥ぎ発生率が変化することが報告されている。

このことに関する一連の報告をここにまとめてみよう。まず、間伐ないし施肥を行ったダグラスファーの林分では、そうでない林分よりもクマ剥ぎが高い率で発生する傾向があることが知られていた。また、給餌実験により、このクマは糖類が豊富な食物に対する嗜好性とテルペン類の多い食物に対する忌避性を持っていることが明らかになっていた。[23] そこで、間伐ないし施肥を行った林分とそれらの処理をしていない対照の林分において食害にあう部位のテルペン含量と糖類の含量を測ったところ、テルペン類の含量は変わらなかったが、糖類の含量は前者で高くなった。[24] また、ダグラスファーの樹冠部を四〇パーセント枝払いすると、処理をしなかったものと比べてテルペンの含量には変化がなかったが糖類の含量が減った。さらに、枝払い処理をした樹木より非処理の樹木でクマ剥ぎの発生率が実際に高かった。[25]

日本の森林においても施業法によりクマ剥ぎの発生状況が変わる可能性がある。吉田洋さんらは針葉樹人工林で、食物となる樹木を残しつつ孔状に除伐を進めることによってツキノワグマの食物が充

写真6-7　下枝打ち後の枝でニホンジカの剥皮食害を防除（滋賀県）

分存在し、被害の起きにくい条件を作ることを提案している[21]。

保育途中から主伐の時期までは、シカの剥皮食害についても注意しなければならない。当初、この被害は、スギ、ヒノキでは、せいぜい一〇年生までの樹木で多かったのだが、近年は七〇年生のものまでにも被害がおよんでいる。被害の動向を監視しながら被害の対象となりそうな径級のものを順次テープなどプロテクターで防除していく必要がある（写真6－7）。

6・3　ランドスケープレベルでの管理

さまようクマ

これまでの解説は、一つの森林（林分）内の植生管理とそれが哺乳類に与える影響について焦点を当てたものであった。しかし、一つの森林で完結しない広い行動域を持った哺乳類も多い。また、一つの

写真6-8　水田に出没したツキノワグマ（岩手県）

森林では満たされない異なる生息地要求を持つ複数種の保護管理を果たすためには一つの森林を越えた広い範囲を対象に管理を行う必要がある。すなわち、ランドスケープ（landscape、景観）やそれより広い範囲を指すリージョン **region** とよばれる地理的範囲を対象としても生息地保全を考える必要がある。もともと欧米で生まれた用語であるランドスケープやリージョンがそれぞれどの程度の地理的範囲に該当するのかよくわからないが、この節では、ともかく一つの山地や集水域などのかなり広い地域での生息地管理について考えてみよう。ランドスケープという用語もかなり広い範囲という程度の意味合いで使う。

再び、岩手県のツキノワグマに登場いただこう（写真6－8）。夏から秋にかけて人里へさまよい出て騒動の種になっているツキノワグマだが、ランドスケープレベルでの人間の土地利

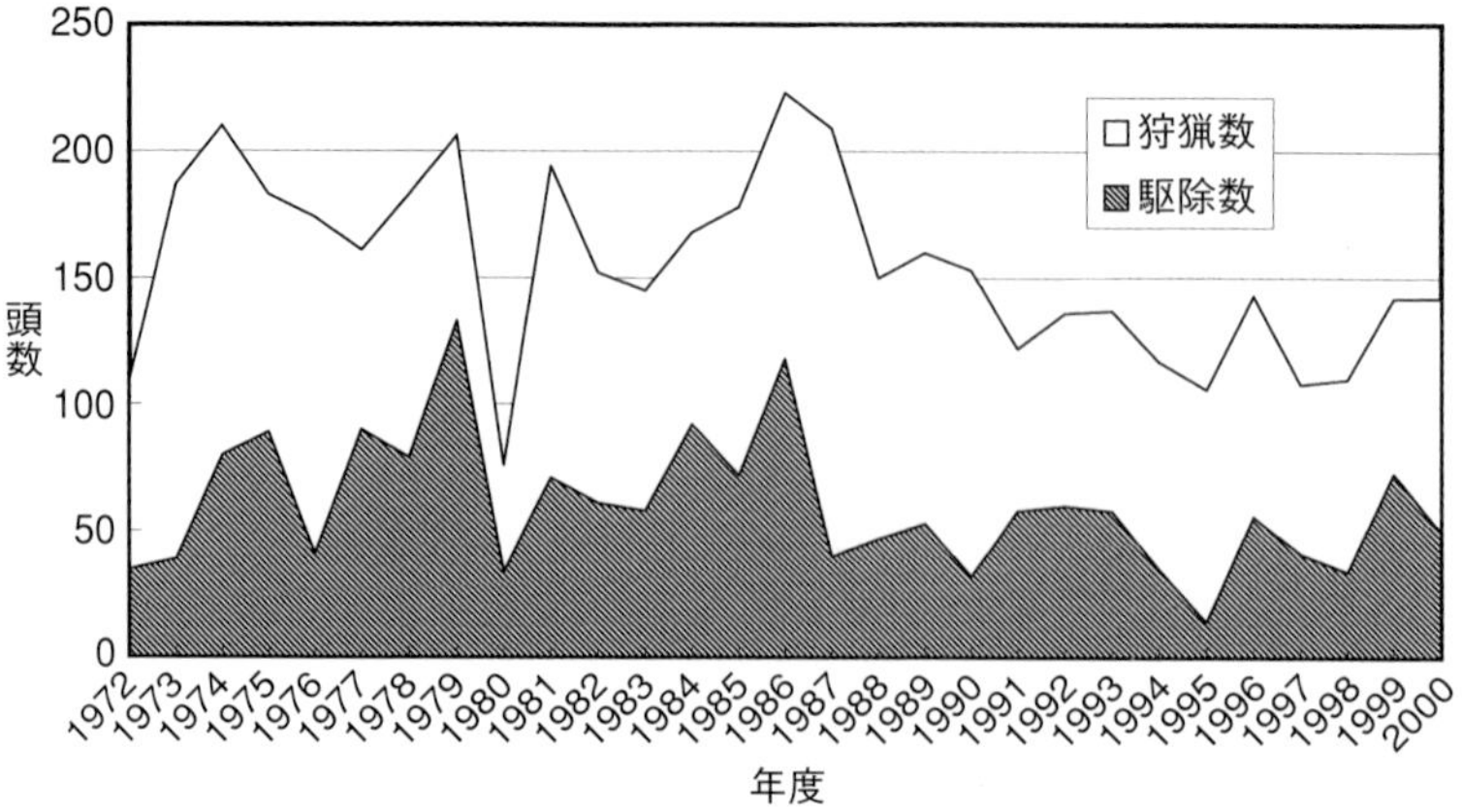

図6-9　岩手県のツキノワグマの狩猟数と駆除数の推移（岩手県自然保護課資料に基づく）。積み上げグラフであることに注意。

用のあり方がその出没パターンと大きく関わっている。

まず、岩手県でのツキノワグマの捕獲頭数を見てみよう（図6－9）。一九八七年以前は一五〇頭から二〇〇頭の捕獲数があったが、一九八七年五月に残雪期の予察駆除（春グマ捕獲）が不許可となり、それ以降は一〇〇頭から一五〇頭で推移している。狩猟数より駆除数の変動がかなり大きいのが特徴的だ。駆除はツキノワグマが人里に出没して被害を発生させた場合になされるので、ツキノワグマの人里出没頻度の目安になると考えられる。

1章で述べたように、岩手県内のツキノワグマ生息地域は奥羽山脈と北上高地の二つの地域にあり、頭骨形態の研究から二つの地域間のツキノワグマの移動はほとんどないか、稀であると考えられる。

ツキノワグマの保護という観点から見ると、山並みとして孤立している北上高地へは他から入ってくる個体がいないわけだから、この地域のツキノワグマを繁

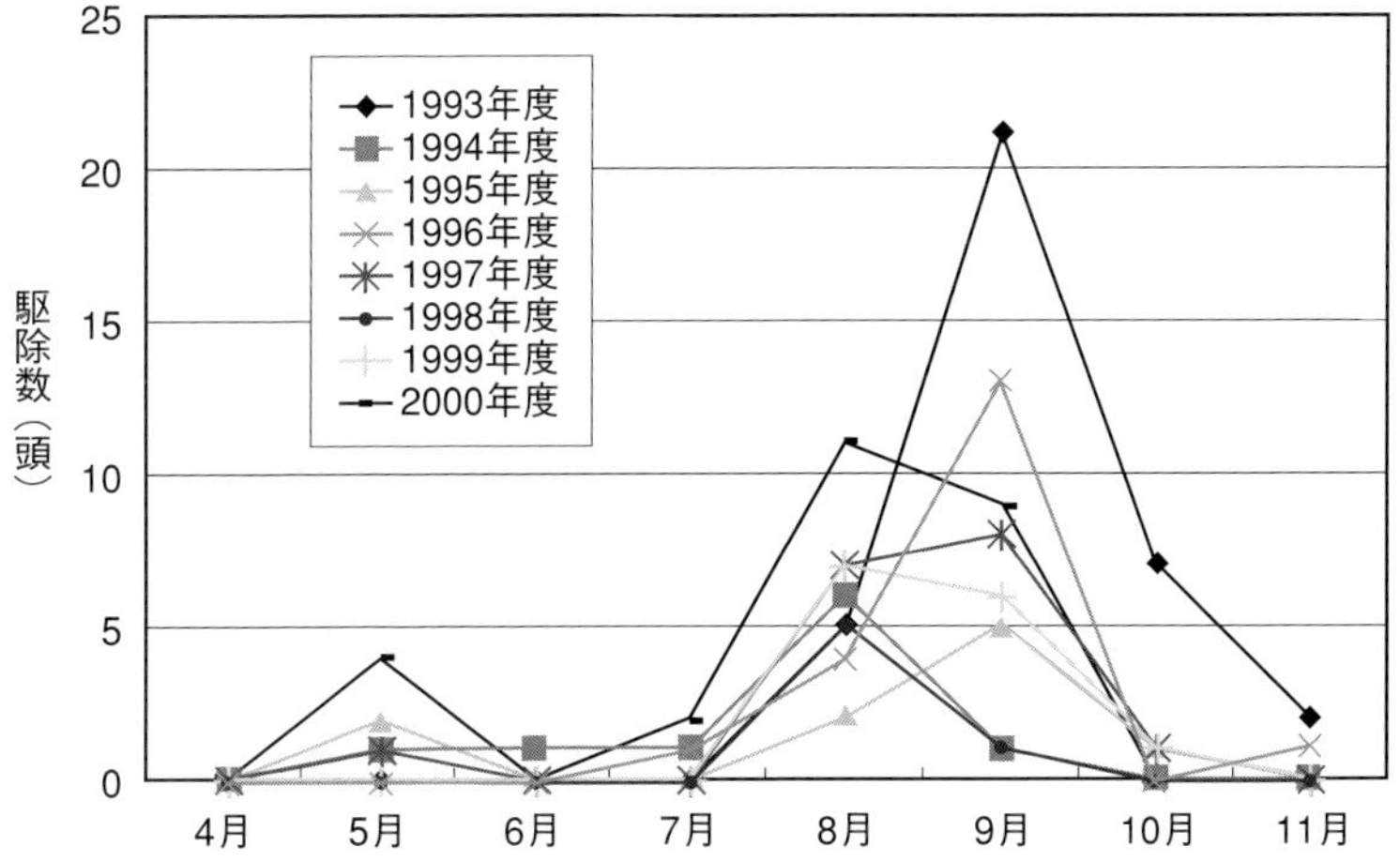

図6-10　北上高地におけるツキノワグマの駆除数の月ごとの変化

殖力以上に殺していくと当然絶滅するということになる。一方、奥羽山脈のほうは、他県の生息地につながる広い山並みがあるのでそのような心配は当面ないが、隣接県と連携しながら現状把握やその保護管理に努める必要があるということになる。つまり、クマの保護管理は、二つの山系で別々に考えなければいけない。

それでは、捕獲のデータを山系ごとにまとめなおしてみよう。一九九三年度から二〇〇〇年度のデータに基づいて見ると、この八年間に狩猟で六〇〇頭、駆除で二六〇頭の捕獲があった。このうち、山系がわかったものが狩猟で五八一頭、駆除で二四四頭あった。山系ごとに見てみると狩猟数では北上高地が奥羽山脈の四・七倍、駆除数では一・三倍となった。また、狩猟、駆除合わせてみると北上高地では奥羽山脈の三倍の個体数がとられたことになる。

今度は山系ごとに月ごとの駆除数の変化を見てみよう（図６－10）。まず北上高地だが、クマの駆除は五

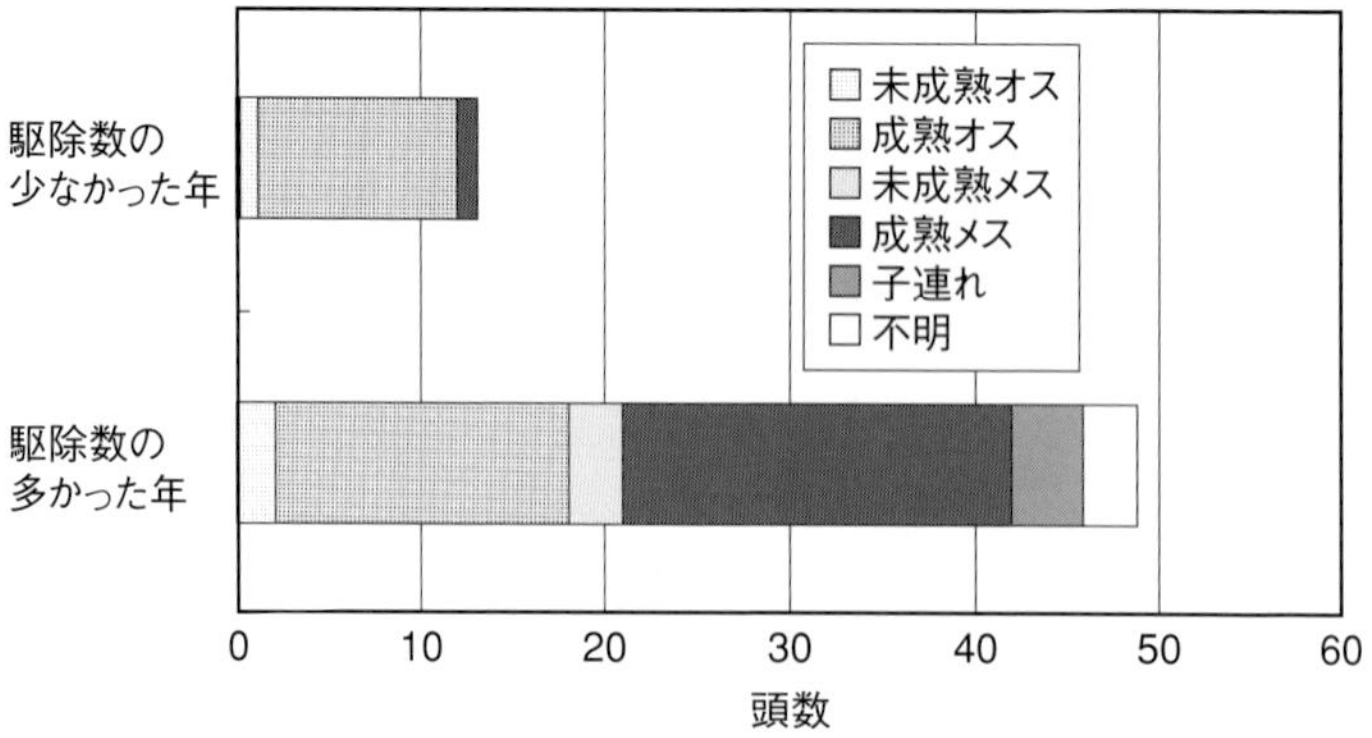

図6-11　北上高地において9月にツキノワグマ駆除数が多かった年（1993・1996・1997・2000年）と少なかった年（1994・1995・1998・1999年）の性・年齢構成

月くらいからはじまる。数が多くなるのは八月から九月にかけてで、一〇月末には沈静化する。注目したいのは、駆除数がもっとも多くなるのは九月で、この月は年度による駆除数の変化がもっとも大きいことである。

さらに、八年分をまとめ、月ごと、性・年齢クラスごとに駆除個体の内訳を見ると八月まではオスの捕獲が主で、八月には二五パーセントあったメスの捕獲は九月には四七パーセントに増えた。次いで、九月のデータについて駆除数の少なかった年度と多かった年度で性・年齢構成を比較すると、オスの数は駆除数の少なかった年で一三頭、駆除数の多かった年で一七頭と変化が少ないのに対し、メスの数は駆除数の多かった年には少なかった年の二八倍近くに増えていた（図6－11）。すなわち、駆除数の多い年というのは九月にメスグマが多く駆除された年、いいかえれば九月にメスが多く里に下りてきた年だということが判明した。このような駆除数と構成の年変動が環境の年変動によるものだとすればオスよりメスがその影響に敏感に反応していることになる。

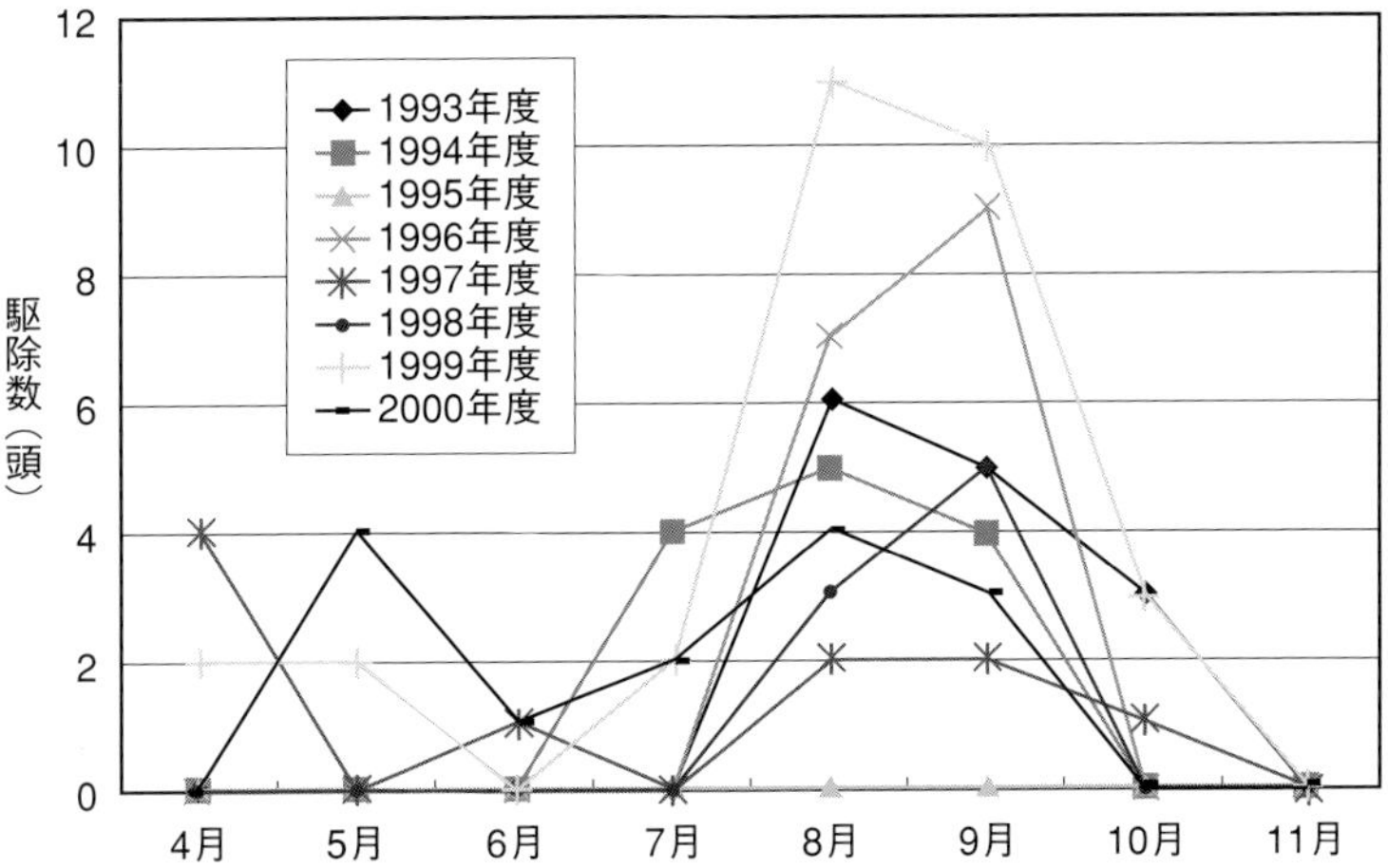

図6-12　奥羽山脈におけるツキノワグマの駆除数の月ごとの変化

先に述べたようにクマが子孫を残すことができるかどうかは秋におけるメスの栄養状態に依存するので、受精したメスグマの食物への渇望度は高いと考えられる。この要求を満たしてくれるのがブナ、ミズナラの堅果など秋の実りだと考えられるが、これらの果実の作柄には大きな年変動がある。この結果、秋の実りが不作の年にはとくに妊娠したメスグマが食物を求めて大きく放浪し異常出没すると考えられる。子連れのメスグマも同様の反応をするかもしれない。

では、奥羽山脈ではどうであろうか（図6-12）。検討した八年のうち、一九九三年度と一九九六年度が高い駆除数を示すことは北上高地と一致していた。さらに九月における駆除数の年変動が顕著なことも北上高地と同様であったが、八月も九月同様に年変動することが異なっていた。これも高い駆除年と低い駆除年で比較すると八月はオスが多く捕獲されることにより駆除数が高まっていた（図

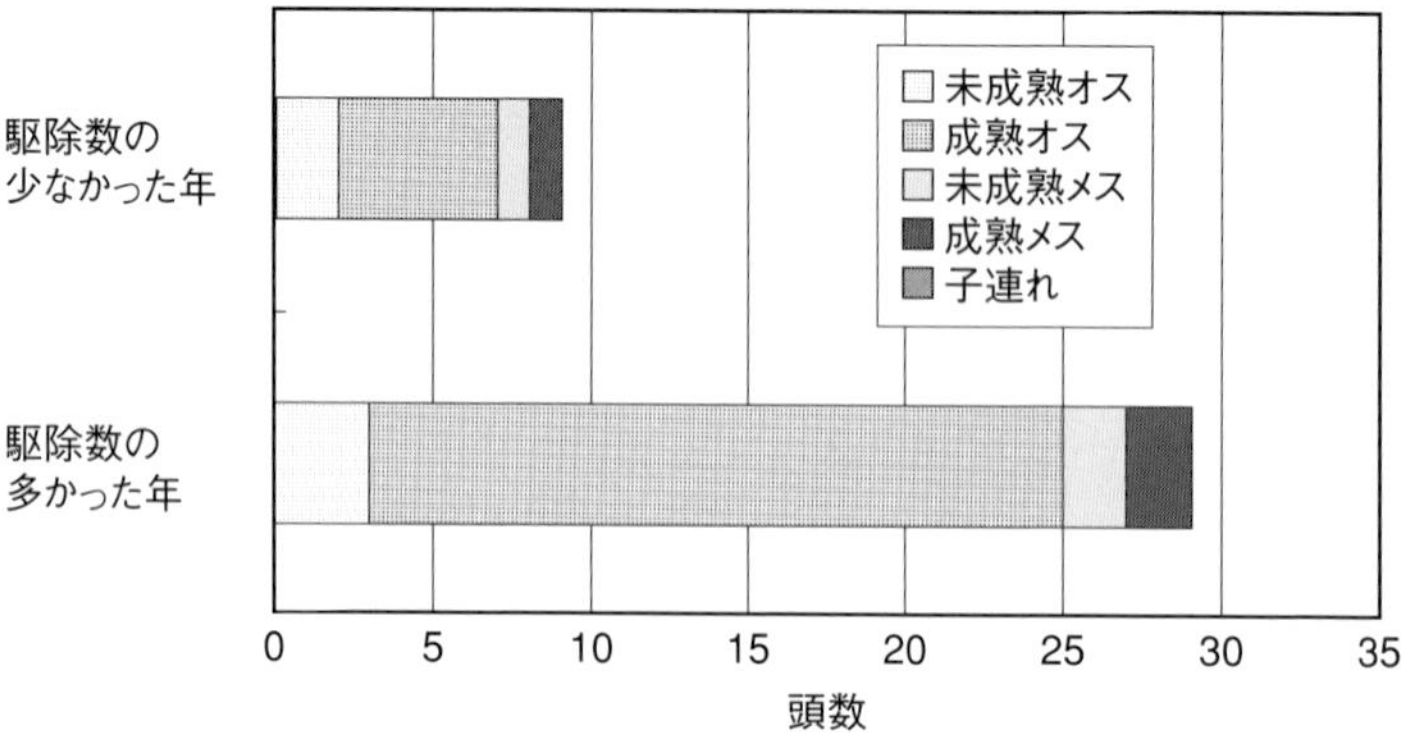

図6-13　奥羽山脈において８月にツキノワグマ駆除数が多かった年（1993・1994・1996・1999年）と少なかった年（1995・1997・1998・2000年）の性・年齢構成

6－13）。九月についてはメスとオス両方の駆除数が多くなることにより、高い駆除数が実現していた。

奥羽山脈と北上高地の駆除数の月変化が示すパターンの違いの実際の原因は不明だが、山系によって出没が顕著な月や出没しやすいクマの性が異なることに注意したい。

今度は、狩猟数の月ごとの変化を見てみよう。岩手県でクマの狩猟が認められている期間は一一月一五日から二月の一五日までであるが、北上高地では期間いっぱい狩猟が行われている（図６－14）。一方、奥羽山脈では一月、二月には狩猟がなくなる（図６－15）。これが北上高地で奥羽山脈より狩猟数が圧倒的に大きな原因である。

次に、狩猟・駆除総合した場合、どのような性・年齢の個体がそれぞれの山系で捕獲されているか見てみた。まず、北上高地ではどの年齢層でもオス、メスが同じように捕獲されていて、偏りが見られないのが特徴である（図６－16）。一方、奥羽山脈を見てみると若齢のオスに

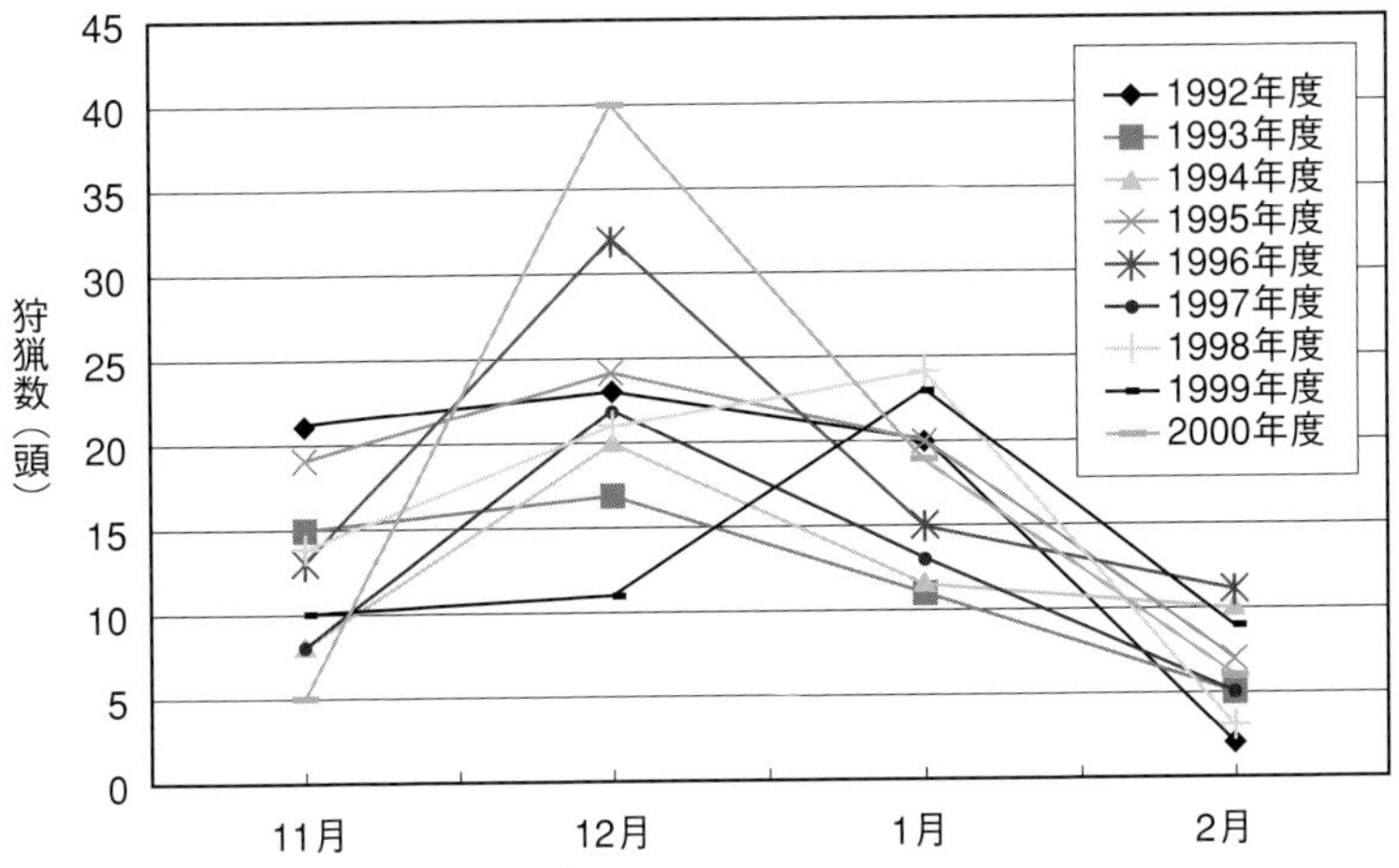

図6-14　北上高地における狩猟数の月ごとの変化

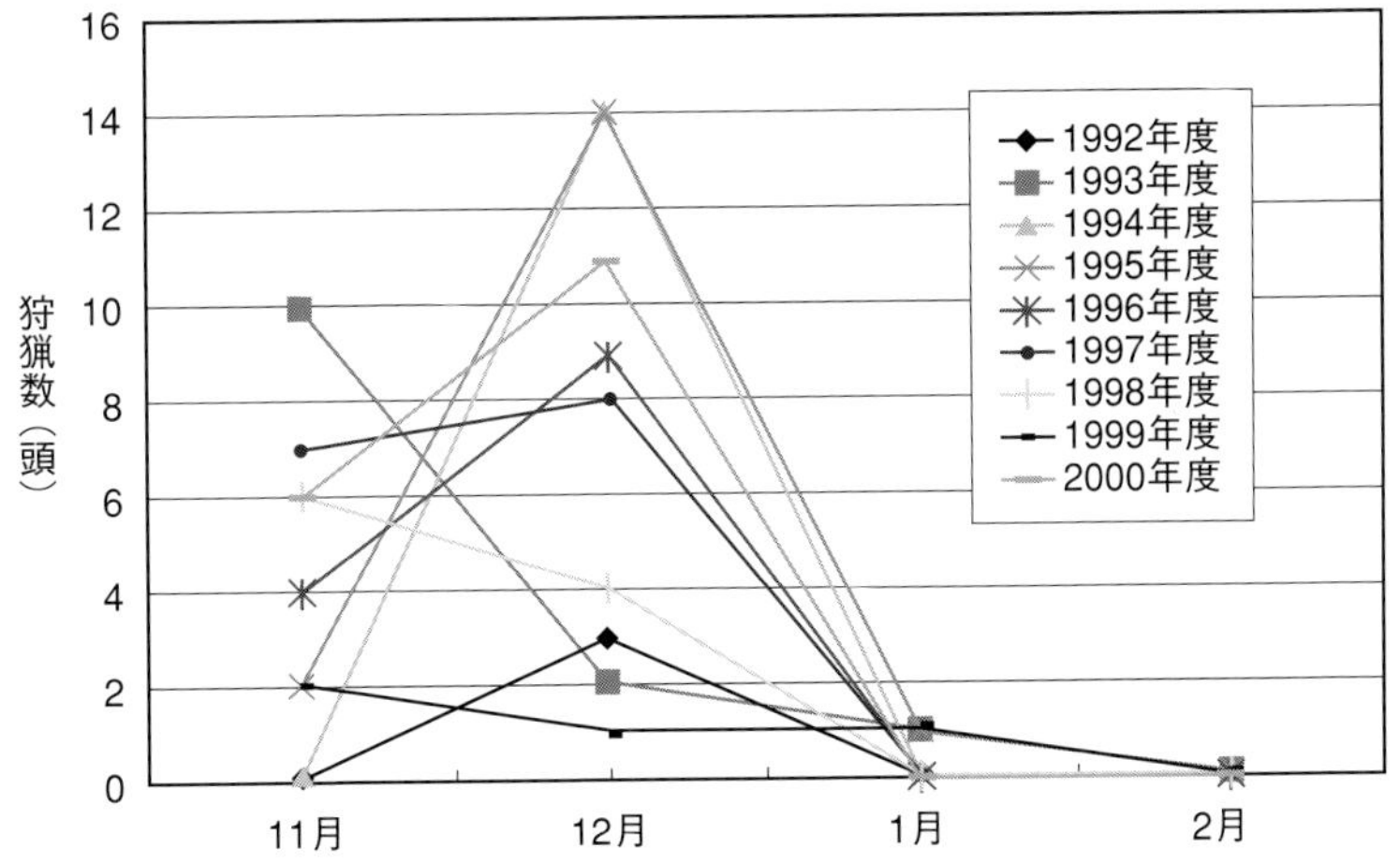

図6-15　奥羽山脈における狩猟数の月ごとの変化

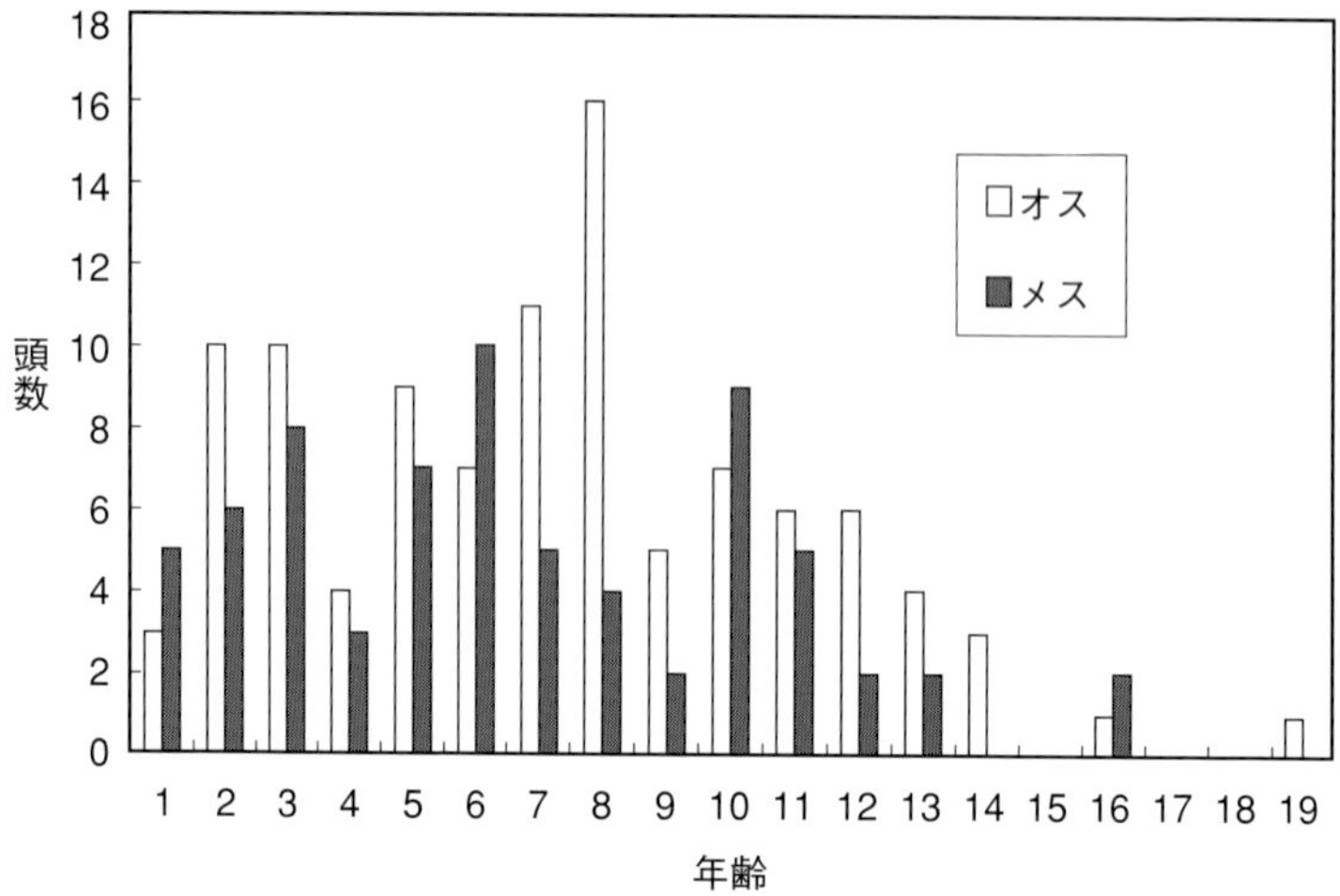

図6-16　北上高地における捕獲個体の性・年齢構成

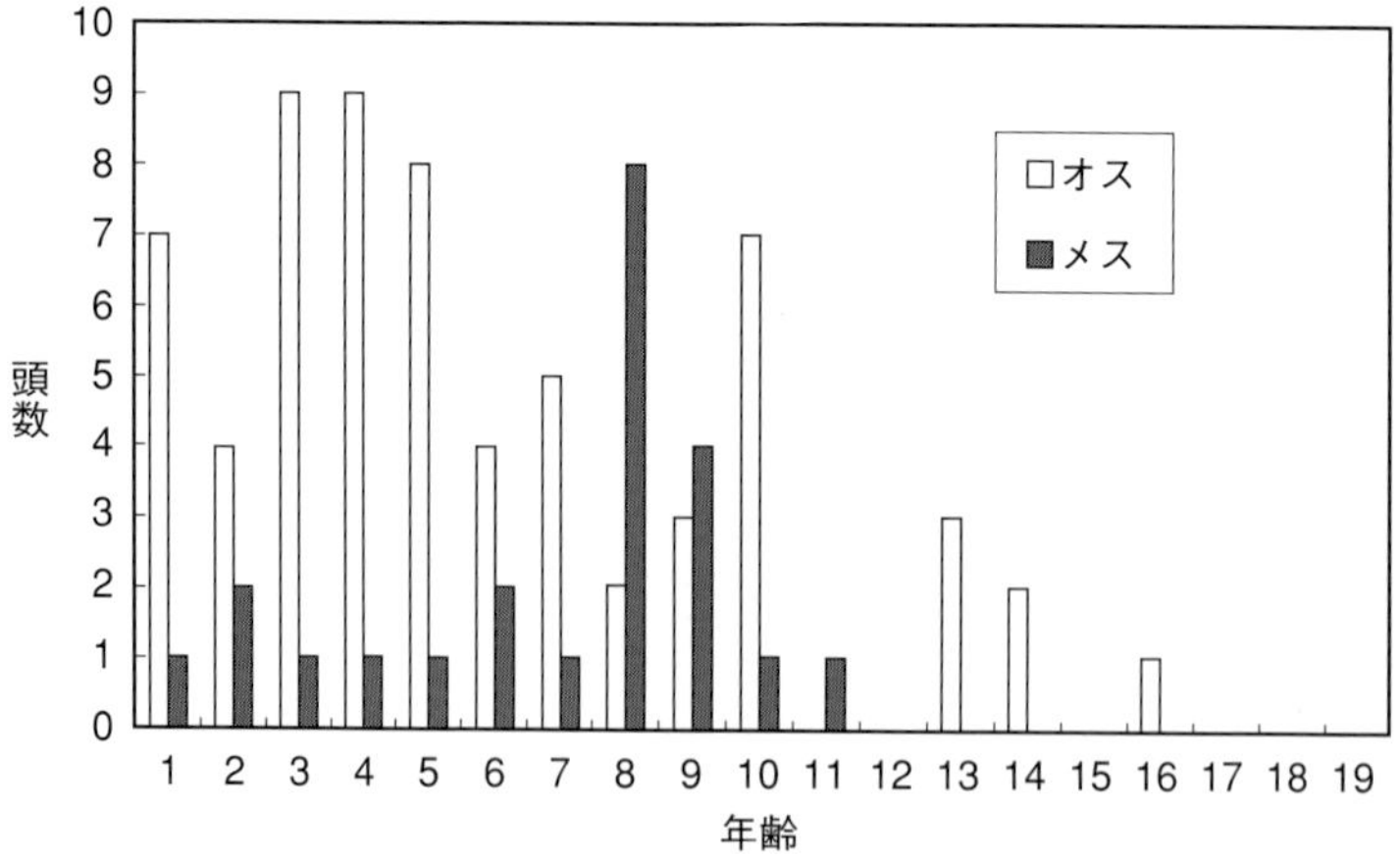

図6-17　奥羽山脈における捕獲個体の性・年齢構成

偏っているのが特徴である（図6－17）。北上高地では繁殖の母体であるメスに捕獲圧がかかっているという点で注意しなければならない。

ツキノワグマと人との共存をはばんでいるのが人身被害である。今度は、その発生状況を山系ごとに検討してみた。北上高地で四七件、奥羽山脈で一五件と北上高地で多くの被害が発生していた。また被害発生時の状況は奥羽山脈の一五件のうち、一一件が山菜取り、釣りであるのに対し、北上高地では四七件中二二件が山や畑で作業中の事故であった。

狩猟、駆除、またそれらを総合した捕獲個体の特徴、人身被害の発生状況において奥羽山脈と北上高地では対照的な結果が得られた。この原因はどのように考えたらいいであろうか。私は今のところ次のように考えている。

急峻で積雪の多い奥羽山脈には秋田との県境を中心に人間の居住しないいわゆる奥山が存在する。この地域では山奥から分散してきた移動性の高い若いオスグマが山麓で被害を出し、駆除されている。人身被害もレジャーで山中に入った人がこうむる場合がほとんどであった。一方、比較的傾斜が緩く積雪の少ない北上高地は古くから開発が進んでおり人間の利用空間は山域に大きく広がっている。この地域ではツキノワグマの繁殖地と人間の生活域は完全に重なり、ほぼ全域で被害が発生する可能性がある。その結果、メスにも高い駆除圧がかかる。また、両山系の気候や地形は出猟期間の長短などに影響し、狩猟数の大きな違いとなって反映している。

われわれが想像する以上に地形や人間の土地利用など生息地の条件がクマの生活や被害発生におよぼす影響は大きいのではないだろうか。

森林の分断化

連続した広い生息地が、動物の移動の障害になるものによって細分化されていくことを分断化というが、森林が小さなパッチ状に分断化することは野生哺乳類の生息地環境を大きく変化させることになる。生息地の分断化はランドスケープレベルでの生息地管理においてもっとも注意すべきことである。

分断化は、食物と隠れ場所の量と広がりを変えると同時に、森林に棲む哺乳類を森林とは異質な環境へ暴露することになる。そのため、哺乳類は、それまで以上に高い捕食圧、競争、寄生、人間による狩猟圧にさらされる場合がある。つまり、生息地面積が小さくなるという決定的な変化と、異質な環境への暴露の影響により、小さくて孤立した森林パッチは大きな森林よりもわずかの哺乳類しか維持できないのが普通である。

野生哺乳類の保全のために、森林生息地の分断化に対してどう対処すべきか一般には次のように考えられる。

①可能な限り広くて連続的な森林の広がりを維持する。理想的には、維持する地域は、山火事など自然災害が起きた後も野生哺乳類の生息に充分な面積の森林が残るような広さを持つべきである。

②森林が分断される場合には、森林パッチ間の動物の移動を容易にするためにパッチ間の距離を最小にすべきである。また、森林パッチが著しく離れてしまう場合には、パッチ間の哺乳類の移動を容易にする回廊を用意すべきである。しかし、有用な回廊のデザインについては経験的なデータに基づいて充分検討されていないので、そのための研究を行っていく必要がある。[26]

③林縁環境は森林性の哺乳類に対して大きな影響を与えるので、できるだけ環境の変化を少なくするためには、面積に対して林縁の長さが最小になるように森林パッチを形成すべきである。

ここでは、ランドスケープレベルの生息地管理において、鍵になる森林要素をあげておこう。

配慮すべき森林要素

まず、老齢林である。老齢林分では、巨木、大きな枯死立木、大きな倒木、そして林冠ギャップの形成にはじまる更新により多様な上層と下層植生がパッチ状に配置されるという特徴を持っている。そのため、若く集約的に管理された林分よりも構造的、機能的に複雑である。また、枯死立木とよばれる立ち枯れ木と枯死した梢端を持つ生立木の多くはヒメネズミ、ニホンザルなどによる無脊椎動物の採食の場となるとともに、樹洞のある生立木はムササビ、モモンガ、コウモリなど特殊化した動物種の営巣場所としても重要である。

さらに、老齢林分には、その中を歩く人の気分を落ち着かせ荘厳にさせるような心理的な価値があるとともに、水源涵養や養分保持など特別な生態系機能があると考えられる。面積的にも少ないので生産林以外では保全を優先すべきである。

次いで、河畔林である。河畔林とは、小川、河、池、湿地に直接隣接する地域である。河畔林では利水性や洪水による撹乱の影響で、特有の植生が発達し、一般に種多様性が高いことが知られている。

河畔林では、タヌキ、テン、イタチ、クマなどが水棲動物をとったり、ニホンジカ、カモシカ、クマが柔らかな河辺特有の植物を食べに来たりする。また、河畔林沿いで採食を行う小型のコウモリ類もいる。大変多くの哺乳類が河畔植生を重要な生息地として利用しているのだ。水土保全はもとより環境保全機能においても河畔地帯は重要であり、比較的面積が狭いので、管理の最上の道は保全であろう。

積雪寒冷地帯では野生動物に雪や寒さを防ぐ冬の退避場を用意することを忘れてはならない。冬も活動する哺乳類には針葉樹の密な林が重要である。泊まり場として用いられる針葉樹林は林冠が高い閉鎖性を持ち、近くに採食の場所があることが条件である。積雪寒冷地帯では主な採食場となる広葉樹林の中に、針葉樹林がモザイックに配置されていると野生哺乳類の生息地としての価値が上がる。

林縁環境の管理も重要である。林縁環境は、森林と草地、広葉樹林と針葉樹林など異なったタイプの環境が隣接するところをいうが、急激な微気候と光環境の傾斜があるので独特の植生が成立している。林道や河川、湖沼沿いにも見られる。逃避場となる森林の一部であるとともに食物となる柔らかい多年生草本、イチゴ類、クズ、サルナシ、マタタビ、ヤマブドウなどつる性植物が多いので果実食、草食など多くの哺乳類がこのような地域を好む。哺乳類はそのような環境に誘引される一方、森林以外の環境に身をさらすことになるので、捕食や交通事故などの危険も増すことにも注意を払う必要がある。

里と森林地帯の障壁

里山の管理について様々な議論がなされているが、かつてこの地域は人間の居住地域である里と野生哺乳類の生活場所である奥山との間の緩衝地帯として働いていたのではないだろうか。薪炭材や肥料の採取のために里周辺の山は頻繁に利用されていたので、林床は明るく見通しも良かっただろう。また、里付きの猟師は、毛皮や肉を得るとともに被害を

図6-18　生息地管理による農林業被害の軽減の可能性。奥山の食物環境が悪化、里およびその周辺の食物環境が良好な現在の状態を変えてやれば、現在、採用されている様々な防除対策の効果は上がるだろう。

防ぐために日常的に狩猟をしていただろう。また、森林と里との間には比較的見通しのきく家畜用の採草場もあった。それら人間活動そのものと、人間が積極的に手を入れた空間は、里へ侵入しようとする哺乳類に対し抑制効果を持っていたのではないかと思われる。

現在は、このような里山も手入れがいきとどかなくなり、見通しが悪く哺乳類が警戒心なく歩ける場所となっている。さらに、かつては適当な径級になると伐採されていた薪炭林も成長し、木の実を多量に実らせるようになった。また、マツ林には松枯損病の蔓延後の更新で広葉樹が入り込み、哺乳類の食物環境としては良くなっているのではないだろうか。里そのものも耕作放棄地が増え、耕作地のまわりにも草本が繁茂し、農作物と一緒に獣を里に引きつける要因となっている。その一方、拡大造林によってスギ、ヒノキ一斉林への転換が図られた奥山は生息地として劣化している。食物分布を見ると奥山低里高という里に多くの野生哺乳類が引きよせられやすい環境勾配になっていることが疑われるのだ（図6－18）。農業被害防除という点でも、奥山の環境を改善し、野生哺乳類の生息地を確保しつつ、里山や里における被害助長要因を除去することが必要ではないだろうか。

6・4　人間の立ち入り

人間の森林への立ち入りも問題になる場合がある。

ある森林地域で人間の活動が頻繁になるきっかけはまず道路建設である。切り取り法面の幅にもよるが一二メートル幅の林道とすれば、その建設により一キロメートル当たり一・二ヘクタール以上の生息地が自動的に消滅することになる。生息地消失の影響はそれぞれの哺乳類の生息地要求によって異なる。道路建設が渓畔など面積の狭い特殊な植生が発達しているところに予定されている場合には、その影響はそこだけに生息する小型の哺乳類のみならず、その場所が行動域の中核になっている大型の哺乳類にも影響を与えるだろう。

また、道路は一般に小型の哺乳類、たとえば落葉層を含む柔らかな土壌を好むヒミズ類などにとって、直接的かつ深刻な移動の障壁となる。しかしながら、移動能力の高い大型哺乳類については、特殊な場所以外では、道路そのものが移動の障壁となることは少ない。

道路の哺乳類に対するマイナスの影響は、建設のときからはじまる。工事用車両の通行にはじまる車や人の頻繁な通行は、哺乳類が人を恐れている場合、道路近くの地域から動物たちを脅し追い立てる。したがって、道路周辺は、道路がない場合と比べると哺乳類の生息地としての価値は減少する。

一方、ある哺乳類は、道路で人間の存在に馴れていく可能性がある。道路の法面は緑化により哺乳類の好む草が生えているので、それに引きつけられる哺乳類は、人の目にさらされる機会が多くなり、人馴れが加速する場合がある。[27] そして、意識の低い人間による餌付けがしばしば起こることになる。餌付けされた哺乳類は車中の人が持っている餌への執着心を増し、車への恐怖感が薄れる。最終的には、交通事故や哺乳類による人身事故が発生することになる。

一般に、道路による哺乳類への影響を減じるために以下のことが必要であろう。

①哺乳類の移動経路や採食場所として用いられる山の鞍部、河畔地帯、尾根などでの道路建設はできるだけ避ける。とくに河畔地帯は特殊な生物相が発達しているので避ける。

②道路を渡る必要のある哺乳類の移動が制限されないように、道路の切り取り法面と盛り土法面の位置を定める。また、必要ならば哺乳類用の横断歩道を作る。大分県高崎山付近の大分自動車道にはサル用の橋が、山梨県大月市の道路にはリス用の橋が、同じく山梨県清里村にはヤマネ用の橋がある。また、道路や橋梁下に動物専用のアンダーパスを設けているところもある。同時に、それ以外の箇所では道路に動物が入り込まないよう柵など障壁が必要な場合もあるだろう。

③側溝など小型哺乳類が墜落する可能性のある構造物には、彼らの横断をさまたげないようスロー

プをつけるなど工夫をする。

④道路沿いの植生を利用し見通しを悪くして哺乳類が安心して道路を横断するようにする。その場合には、速度制限を設けたり、その場所で自動車にいったん停止をさせるなど安全のため交通の規制が必要である。すでに人馴れや自動車に対する馴れが進んでいる動物の場合には、逆に、交通事故防止のため見通しを良くすることが必要である。この場合も動物が横断する危険について注意をうながす看板の設置などが必要である。

⑤哺乳類にとって重要な時期には特定の地域（たとえば、越冬地域）への立ち入り制限、速度規制を設けることが必要な場合もあろう。

⑥餌付けの防止や哺乳類との交通事故防止のために道路利用者に普及啓発を行う。

⑦道路は必要性がなくなった後に閉鎖し、法面および道路の車線にも被植をほどこすべきであろう。

6・5　生息地としての森林管理の今後

哺乳類の生息地では、哺乳類にとって必要な食物が、季節変動や年変動を見込んで、充分再生産されることが不可欠である。また、その食物のある場所は、休息場所や泊まり場とともに、効率の良い利用ができるよう行動域の中に適切に配置されていなければならない。そのためには、人為的な撹乱のない自然をそのまま残すのが最善であることは確かだ。しかし、林業生産との協調的な生息環境を考えなければいけないときや、自然の生息環境を復元したいときに、哺乳類の存続と被害防除にとって有効な環境の質と量をいかにすれば確保できるかわれわれは充分に役に立つ答えをまだ持っていない。

この意味で生息環境、個体群動態との関連性をも視野に入れた哺乳類の採食行動や行動域の研究を今まで以上に推し進める必要がある。また、意図はどうであれ生息環境の改変の後は、個体群の動向をモニターし、哺乳類と生息環境の相互作用に関する情報を蓄積し、起こった変化を改善したり別の状況で役立てたりできるようにしておく必要がある。

生息地は哺乳類のみならず野生生物が生息するための基盤であるにもかかわらず、これまでは、その保全や管理の方法についてはは具体的にはほとんど考えられてこなかった。森林の持つ機能として野生生物の保全が世間的に認知されはじめたのがごく最近であることと、生息地すなわち土地には所有権があり、所有者は野生生物の保全よりも短期的な利益を優先した土地の利用を望むことが普通だからである。

しかし、現在、森林の機能には多様なものが求められるようになってきた。木材生産林であっても他の機能の発揮も目的としたものではない限り育林のための資本は投資されづらくなっている。林業を取り巻く情勢の変化や地球環境問題がクローズアップされる中で、新たな森林管理の方法を具体的に打ち出す必要があるようだ。野生哺乳類のための森林の管理と保護についてもさらにつっこんで考え、大胆に提案し、実践する時期が来ているように思える。

あとがき

たいていの日本人は森の緑を眺めれば心が癒され、なんとなく安心するという。私もそうである。空想を許していただけば、緑に恵まれた「自然」の中で生きてきた古の日本人にとって、緑滴る森林は食物、水の在り処、安心の隠れ家そのものであり、そのことが、私たちの遺伝子の中に刻み込まれているからではないだろうか。

その一方で、この緑という色は、森林にとっては本質的ではない不要なものがその源となっている。わけのわからないことを書いてしまったが、こういうことだ。森林は太陽エネルギーを受けて、光合成を行い、その生産物で成長、繁殖し、さらにそこに生きるものたちに糧を分け与えている。しかし、光合成で使われるのは太陽光の中でもとくに赤色光と青紫色光で、緑は森自身が光合成に利用せずに反射した光線の色である。私たちは森林にとっては不要な光線でもってその姿を見ていることになる。

生物界では、このようにある生物にとってある意味不要なものが、別の生物に作用し、何らかの影響を生じている場合とか、直接的な作用ではなく、何かを介しての間接的な作用が重要である場合が多くある。なかなかこのような（隠れた）因果関係はとらえがたいし、たとえ科学的に実証されて理屈では理解できても実感とはなりにくい。間接的な作用についてはとくにそうで、たいていの人間の脳味噌では、通常、原因と結果が三段階（「風が吹くと埃が立ち、眼の病が多くなる」まで）より多いと理解不能（「桶屋が儲かる」までたどりつけない）、あるいは現実味のあるものとしてとらえられなくなるのではないだろうか。

これが人間の思考能力の限界なのか「現代人」の行動原理の問題なのかについては、今度酒を飲むときの肴にとっておくとして、ともかく、私たちは、ものごとの関係性について、要・不要、役に立つか・立たないか、利益が有るか・無いかという観点から単純に考えるように、日常的にかつ脅迫的に迫まられ、また、自らにもそう仕向けている。そして、私たちは「自然」にもそのような価値観で対する傾向があるようだ。生態系の機能のうち、人間の役に立つ部分を「生態系サービス」と呼び出しはじめ、研究者がまじめにそれを研究の対象としなければならない事態に陥っていることもその例だ。私も本書の中でこのことばをつい使ってしまった。人間の脳味噌に合わせてわかりやすくということらしいが、「自然」に対してサービスが悪いと文句をつけたり、働きが悪いと首を切ったりはできないことは肝に銘じておくべきであろう。

また、現在の私の仕事の中心は農林業被害を発生させている獣の生態を研究することであるが、現場や行政の会議に行くと、なんで被害を出すサルやクマを絶滅させてはいけないのか、彼らがいなくなって何か困ることがあるのかと詰問されることがある。農林業被害の深刻さ、どこにも持って行きようのない農林家の憤りの現れであろうが、正直、そんな質問、詰問は困る。本書で紹介したように、生態系や生物の諸作用について研究は進んでいるが、研究で明らかにされたことより、まだわかっていないことのほうが多いのだ。私などは自然の複雑さにますます恐れ入るばかりである。言葉を換えていうと、森と獣たちの世界はそんな問いに簡単に答えられないくらい複雑多様で、（少し小さい声で）おもしろい。

本書は『獣たちの森』と銘打っているが、多種いる森の獣たちの中でもニホンザル、ニホンジカ、ツキノワグマに話題が多少偏っている。これは私の経歴と関係がある。ニホンザルやクマとは学生時代からもう二六年、ニホンジカとは一三年の付き合いになる。一九歳のときに、北海道大学天塩演習林でのヒグマ調査に加わって以来の獣との付き合いだが、それだけヒグマのいる森が一九歳の心に与えた影響は大きかった。

学部の学生時代は、自分も獣になって山を徘徊していた。白山、下北半島、志賀高原での積雪期のニホンザル調査、京都大学の芦生演習林でのツキノワグマの調査、知床半島でのヒグマ調査にも足を運んだ。この間、自然やその中で生き生きと暮らす獣たちにどんどん魅了されていったが、自然の入り口にある日本の農山村の行く末にも感心を持った。廃屋の目立つ山村で一人煮炊きする老婆の姿が目に焼き付いてしまったのだ。

大学院では屋久島やスマトラでサルの調査を行った（拙著『失われ行く森の自然誌』（東海大学出版会）をご覧あれ）。森林総合研究所に入ってからはニホンジカの研究を手始めに、ツキノワグマとニホンザルの研究も再び行うようになった。最初の任地は岩手県盛岡市にある東北支所で、北東北の清涼な空気と雄大な「自然」にはすっかり虜になってしまい、仕事の傍ら東北の山々をほうぼう歩いた。とくに岩手でのクマの行動調査では、西日本と比べて高いクマの密度と、クマが一頭一頭個性あふれる行動をとることに大変驚かされた。そして三年前からは、京都にある関西支所に勤務し、人の匂いの濃厚な森林に生活する獣と付き合っている。

本書は、この間に自ら行った研究や学んだことを下地にしている。林業のことについてもたくさん書いてしまったが、理学部出身の私は森林総合研究所の職員でありながら、林業のことには疎いことを告白しておこう。しかし、各地の森林を歩き、ニホンザル、クマ、ニホンジカと付き合い、農林業被害の問題と取り組んできた中で、獣たちと森林の関係や生息地管理の問題の重要性は身にしみて感じ、人一倍何とかしなければと思っていることも事実である。本書は、若い皆さんと、さらに学びつつ、野生哺乳類の生息地の問題を考えていこうという呼びかけ、意思表明の書としてとらえていただければありがたい。

なお、本書では「哺乳類」という科学的名称と「獣」という俗称を併用している。本来は「哺乳類」と統一すべきであるが、人の生活との関わりの中から生まれてきた「獣」ということばへの愛着とそのことばの示唆することの尊重から、可能な箇所ではこれを残した。

最後に、私をこの獣道へと導き、ご指導くださった皆さん、増井憲一さん（元京都大学）、故吉村健次郎さん（元京都大学演習林）、東滋さん（元京都大学霊長類研究所）、由井正敏さん（岩手県立大学）、三浦慎悟さん（新潟大学）、高槻成紀さん（東京大学）に、また、岩手での調査でお世話になった、岩手県自然保護課、森林保全課、三陸町農林課に感謝もうしあげる。

さらに、専門の立場から本書の関連部分を読んでいただき、ご助言をいただいた大住克博さん、古澤仁美さん（ともに森林総合研究所関西支所）、挿絵を描いてくださった瀬川也寸子さん、叱咤激励しつつ原稿の完成を辛抱強く待っていただいた東海大学出版会の稲英史さんに感謝もうしあげる。

ズ・ガイド」. pp. 109-118.
17) Saitoh T. & A. Nakatsu (1997) Impact of forest plantation on the community of small mammals in Hokkaido, Japan. *Mammal Study* 22: 27-38.
18) Takatsuki S. (1989) Edge effects created by clear-cutting on habitat use by sika deer on Mt. Goyo, northern Japan. *Ecological Research* 4: 287-295.
19) 藤森隆郎 (1996) 人工林施業. (全国林業改良普及協会編)「ニューフォレスターズ・ガイド」. pp. 81-108.
20) Ito S., Nakawaga M. & Buckley G. P. (2003) Species richness in sugi (*Cryptomeria japonica* D. Don) plantations in southeastern Kyushu, Japan: the effects of stand type and age on understory trees and shrubs. *Journal of Forest Research* 8: 49-57.
21) 吉田　洋・林　進・堀内みどり・羽澄俊裕 (2001) ニホンツキノワグマ (*Ursus thibetanus japonicus*) による林木剥皮と林床植生の関係. 日本林学会誌 83: 101-106.
22) 吉田　洋・林　進・堀内みどり・坪田敏男・村瀬哲磨・岡野　司・佐藤美穂・山本かおり (2002) ニホンツキノワグマ (*Ursus thibetanus japonicus*) によるクマハギ発生原因の検討. 哺乳類科学　42: 35-43.
23) Kimball B. A., Nolte D. L., Engeman R. M., Johnston J. J. & Stermitz F. R. (1998) Chemically mediated foraging preference of black bears (*Ursus americanus*). *Journal of Mammalogy* 79: 448-456.
24) Kimball B. A., Turnblom E. C., Nolte D. L., Griffin D. L. & Engeman R. M. (1998) Effects of thinning and nitrogen fertilization on sugars and terpens in Douglas-fir vascular tissues: implications for black bear foraging. *Forest Science* 44: 599-602.
25) Kimball B. A., Nolte D. L., Griffin D. L., Dutton S. M. & Ferguson S. (1998) Impacts of live canopy pruning on the chemical constituents of Douglas-fir vascular tissues: implications for black bear tree selection. *Forest Ecology and Management* 109: 51-56.
26) 三浦慎悟 (1999) 野生動物と「緑の回廊」. 林業技術　691: 2-6.
27) 杉浦秀樹・揚妻直樹・田中俊明 (1993) 屋久島における野生ニホンザルへの餌付け. 霊長類研究　9: 225-233.

28）三浦慎悟（1999）野生動物の生態と農林業被害．全国林業改良普及協会．
29）藤森隆郎（1997）新たな森林管理―エコシステムマネージメント．森林科学 21: 45-49.
30）長池卓男（2000）人工林生態系における植物種多様性．日本林学会誌　82: 407-416.

6章

1）小泉　透（1994）ニホンジカによる造林木被害とその防除．林業技術　633: 11-14.
2）金森弘樹（1993）弥山山地におけるニホンジカの生息・被害実態と被害回避．山林　1311: 33-37.
3）谷口　明（1993）鹿児島県におけるニホンジカの造林木の被害．山林　1311: 38-44.
4）松本　勇（1993）安価で作業が簡単な忌避財．現代林業　327: 14-15.
5）上山泰代（1993）兵庫県におけるシカ被害の実態と被害回避技術の検討．山林 1312: 42-47.
6）大井　徹（1993）ニホンジカによる林木被害に見られた樹種毎の被害率の違いについて．日林東北支会誌　45: 59-60.
7）大井　徹（1999）ニホンジカによる林業被害防除のための生態学的研究．東北森林科学会誌　4: 25-28.
8）Oi T. & Suzuki M. (2001) Damage to sugi (*Cryptomeria japonica*) plantations by sika deer (*Cervus nippon*) in northern Honshu, Japan. *Mammal Study* 26: 9-15.
9）Takada M., Asada M. & Miyashita T. (2002) Cross-habitat foraging by sika deer influences plant community structure in a forest-grassland landscape. *Oecologia* 133: 389-394.
10）古林賢恒（1979）カモシカによる造林木への食害と植生の関係．「天然記念物カモシカ調査報告」．pp. 53-90．群馬県教育委員会．
11）古林賢恒（1980）下北半島におけるニホンカモシカの冬期の食性と植生別の利用可能量．（下北半島のニホンカモシカ調査会編）「下北半島のニホンカモシカ」．pp. 99-115.
12）古林賢恒・山根正伸・羽山伸一・羽太博樹・岩岡理樹・白石利郎・皆川康雄・佐々木美弥子・永田幸志・三谷奈保・ヤコブ・ブルコフスキー・牧野佐絵子・藤上史子・牛沢　理（1997）Ⅰ．ニホンジカの生態と保全生物学的研究．「丹沢大山自然環境総合調査報告書」pp. 319-421．神奈川県．
13）Takatsuki S. (1990) Changes in forage biomass following logging in a sika deer habitat near Mt. Goyo. *Ecological Review* 22: 1-8.
14）Ochiai K., Nakama S., Hanawa S. & Amagasa T. (1993) Population dynamics of Japanese serow in relation to social organization and habitat conditions. II. Effects of clear-cutting and planted tree growth on Japanese serow populations. *Ecological Research* 8: 19-25.
15）落合啓二（1996）森林施業がカモシカに与える影響―ハビタット保全によせて―．哺乳類科学　36: 79-87.
16）桜井尚武（1996）天然林施業．（全国林業改良普及協会編）「ニューフォレスター集　pp. 28-29.
9）甲斐知恵子（1994）野生動物の感染症流行．科学　64: 625-632.
10）Soulé M. E. (1990a) Introduction. In: *Viable Populations for Conservation*. (M. E. Solulé ed.). pp. 1-10. Cambridge University Press, Cambridge.
11）Goodman D. (1990) The demography of chance extinction. In: *Viable Populations for Conservation.* (Solulé M. E. ed.). pp. 11-34. Cambridge University Press.
12）Horino S. & Miura S. (2000) Population viability analysis of a Japanese black bear population. *Population Ecology* 42: 37-44.
13）Saitoh T., Ishibashi Y., Kanamori H. & Kitahara E. (2001) Genetic status of fragmented populations of the Asiatic black bear *Ursus thibetanus* in western Japan. *Population Ecology* 43: 221-227.
14）増田隆一（2003）大型・中型哺乳類．（小池裕子・松井正文編）「保全遺伝学」．pp. 143-158．東京大学出版会．
15）O'Brien S. J., Wildt D. E., Goldman D., Merril C. R. & Bush M. (1983) The cheetah is depauperate in genetic variation. *Science* 221: 459-462.
16）Jimenez J. A., Hughes K. A., Alaks G., Graham L. & Lacy R. C. (1994) An experimental study of inbreeding depression in a natural habitat. *Science* 266: 271-273.
17）Keller L. F., Arcese P., Smith J. N. M., Hochachka W. M. & Stearns S. C. (1994) Selection against inbred song sparrows during a natural population bottleneck. *Nature* 372: 356-357.
18）Lande R. & Barrowclough G. F. (1990) Effective population size, genetic variation, and their use in population management. In: *Viable Populations for Conservation*. (Solulé M. E. ed). pp. 87-124. Cambridge University Press, Cambridge.
19）Franklin I. R. (1980) Evolutionary changes in small populations. In: *Conservation Biology. An Evolutionary-Ecological Perspective* (Soulé M. E. and Wicox B. A. eds.). pp. 135-149. Sinauer Associates, Sunderland.
20）鷲谷いづみ（2003）保全生態学からみた保護の考え方．（日本自然保護協会編）「生態学からみた野生生物の保護と法律」．pp. 31-41．講談社．
21）日本生態学会（2002）（村上興正・鷲谷いづみ監修）「外来種ハンドブック」．地人書館．
22）長谷川雅美（2001）食物連鎖の構造と移入種の影響—島嶼生態系．（佐藤宏明・山本智子・安田弘法編）「群集生態学の現在」．pp. 73-92．京都大学学術出版会．
23）山田文雄（2002）マングース．（村上興正・鷲谷いづみ監修，日本生態学会編）「外来種ハンドブック」．pp. 75．地人書館．
24）城ヶ原貴通・小倉　剛，佐々木健志・崇原建二・川島由次（2003）沖縄島北部やんばる地域の林道と集落におけるネコ（*Felis catus*）の食性および在来種への影響．哺乳類科学　43: 29-37.
25）阿久浜正夫（2002）ヤマネコとFIV（ネコ免疫不完全ウイルス）感染症．（村上興正・鷲谷いづみ監修，日本生態学会編）「外来種ハンドブック」．pp. 222-223．地人書館．
26）神山恒夫（2004）これだけは知っておきたい人獣共通感染症．地人書館．
27）井上雅央（2002）山の畑をサルから守る．農文協．

white oak acorns. *Evolution* 36: 800-809.
32）梶　光一（1995）シカの爆発的増加—北海道の事例—．哺乳類科学　35: 35-43.
33）Fryxell J. M., Greever J. & Sinclar A. R. E. (1988) Why are migratory ungulates so abundant? *The American Naturalist* 131: 781-798.
34）Augustine D. J. & McNaughton S. J. (1998) Ungulate effects on the functional species composition of plant communities: herbivore selectivity and plant tolerance. *Journal of Wildlife Management* 62: 1165-1183.
35）前田喜四雄（1996）樹洞性コウモリ．（川道武男編）「日本動物大百科１．哺乳類Ⅰ」．pp. 48-50．平凡社．
36）阿部　永（1991）日本の哺乳類とその変異．（朝日　稔・川道武男編）「現代の哺乳類学」．pp. 1-22．朝倉書店．
37）大井　徹・奥村栄朗・鈴木一生・鈴木祥悟・中村充博・平川浩文・堀野眞一・由井正敏・三浦慎悟（1994）岩手県三陸町におけるニホンジカとニホンカモシカの生息地の分離について．日本哺乳類学会1994年度大会講演要旨集．
38）千葉宗男（1971）五葉山地域に生息するシカの実態調査報告書．岩手大学．
39）唐沢　豊（編）（2001）動物の栄養．文永堂出版．
40）Koganezawa M. (1999) Changes in the population dynamics of Japanese serow and sika deer as a result of competitive interactions in the Ashio Mountains, central Japan. *Biosphere Conservation* 2: 35-44.
41）Nowicki P. & Koganezawa M. (2002) Space as the potential limiting resource in the competition between the Japanese serow and the sika deer in Ashio, central Japan. *Biosphere Conservation* 4: 69-77.
42）関島恒夫（1999）ヒメネズミ *Apodemus argenteus* とアカネズミ *A. speciosus* の微生息環境利用の季節変化．哺乳類科学　39: 229-237.

5章

1）ウィルソン E. O.（1992）（大貫昌子・牧野俊一訳，1998）生命の多様性Ⅰ，Ⅱ．岩波書店．
2）環境省（2002）改定・日本の絶滅のおそれのある野生生物．財団法人自然環境研究センター．
3）岩野泰三（1974）ニホンザルの分布．雑誌にほんざる　1: 5-62.
4）環境庁（1979）第２回自然環境保全基礎調査，動物分布調査報告書（哺乳類）全国版．環境庁．
5）小金沢正昭（1991）ニホンザルの分布と保護の現状およびその問題点—日光を中心に．「野生動物保護—21世紀への提言—第一部」（NACS-J 保護委員会・野生動物小委員会編），pp. 124-157．日本自然保護協会．
6）Soulé M. E. (1990) Where do we go from here? In: *Viable Populations for Conservation*. (M. E. Soulé ed.). pp. 175-183. Canbridge University Press, Canbridge.
7）谷原徹一（1994）“絶滅”についての生物学的理解を深めるために．科学　64: 611-616.
8）山田文雄・安田雅俊・川路則友・大河内勇（2002）食物連鎖を通じて野生動物に蓄積される環境ホルモン（ダイオキシン）．平成14年度森林総合研究所研究成果選

13) Singer F. J., Swank W. T. & Clebsch E. E. C. (1984) Effects of wild pig rooting in a decidious foerst. *Journal of Wildlife Management* 48: 464-473.
14) Lacki M. J. & Lancia R. A. (1986) Effects of wild pig on beech growth in Great Smoky Mountains National Park. *Journal of Wildlife Management* 50: 655-659.
15) 伊東宏樹・日野輝明・高畑義啓・古澤仁美・上田明良（2004）シカとササは樹木実生にどのように影響するか？　第51回日本生態学会大会講演要旨集. pp. 207.
16) 寺井裕美・柴田昌三（2002）ミヤコザサの維持と樹木実生の更新にエゾシカの採食が与える影響. 森林研究　74: 77-86.
17) 日野輝明・古澤仁美・伊東宏樹・上田明良・高畑義啓・伊藤雅道（2003）大台ケ原における生物間相互作用にもとづく森林生態系管理. 保全生態学研究　8: 145-158.
18) 高田まゆら・浅田正彦・宮下　直（2003）シカの採食がゴウダイコハナバチに与える環境改変効果. 千葉県房総半島におけるニホンジカの保護管理に関する調査報告書11. pp. 72-77. 千葉県環境生活部自然保護課・房総のシカ調査会.
19) Hino T. (2000) Bird community and vegetation structure in a forest with a high density of sika deer. *Japanese Journal of Ornithology* 48: 197-204.
20) Hino T. (in press) The impact of hervivory by deer on forest bird community. *Acta Zoologica Sinica*.
21) Suda K., Araki R. & Maruyama N. (2003) Effects of sika deer on forest mice in evergreen broad-leaved forests on the Tsushima Island, Japan. *Biosphere Conservation* 5: 63-70.
22) Doi T. & Iwamoto T. (1982) Local distribution of two species of *Apodemus* in Kyushu. *Research of Population Ecology* 24: 110-122.
23) Waller D. M. & Alverson W. S. (1997) The white-tailed deer: a keystone herbivore. *Wildlife Society Bulletin* 25: 217-226.
24) Kikuzawa K. (1988) Dispersal of *Quercus mongolica* acorns in a broadleaved deciduous forests 1. Disappearance. *Forest Ecology and Management* 25: 1-8.
25) 箕口秀夫（1996）野ネズミからみたブナ林の動態―ブナの更新特性と野ネズミの相互関係―. 日本生態学会　46: 185-189.
26) Sone K., Hiroi S., Nagahama D., Ohkubo C., Nakano E., Murano S. & Hata K. (2002) Hoarding of acorns by granivorous mice and its role in the population process of *Pasania edulis* (Makino) Makino. *Ecological Research* 17: 553-564.
27) Janzen, D. H. (1971) Seed predation by animals. *Annual Review of Ecology and Systematics* 2: 465-492.
28) 田中　浩（1995）樹木はなぜ種子生産を大きく変動させるのか. 個体群生態学会会報　52: 15-25.
29) 野間直彦（1995）照葉樹林液果樹種の結実数の7年間の変動. 個体群生態学会会報　52: 41-48.
30) Steele M. A., Knowles T., Bridle K. & Simms, E. L. (1993) Tannins and partial consumption of acorns: implications for dispersal of oaks by seed predators. *The Amecian Midland Naturalist* 130: 229-238.
31) Fox F. J. (1982) Adaptation of gray squirrel behaviour to autumn germination by

43) Osawa R. & Sly L. I. (1992) Occurrence of tannin-protein complex degrading *Streptococcus sp.* in feces of various animals. *Systematic and Applied Microbiology* 15: 144-147.
44) 齋藤　隆 (2002) 森のねずみの生態学. 京都大学出版会.
45) Takatsuki S., Suzuki K. & Suzuki I. (1994) A mass-mortality of Sika deer on Kinkazan Island, northern Japan. *Ecological Research* 9 : 215-223.
46) 大井　徹・増井憲一 (2002) ニホンザルの自然誌. 東海大学出版会.
47) Hanaya G., Matsubara M., Sugiura H., Hayakawa S., Goto S., Tanaka T., Soltis J. & Noma N. (2004) Mass mortality of Japanese macaques in a western coastal forest of Yakushima. *Ecological Research* 19: 179-188.
48) 伊沢紘生 (2000) 金華山のニホンザルの生態学的研究—個体数の変動・1995～2000—. 宮城教育大学紀要　35: 329-337.

4章

1) Hilderbrand G. V., Hanley T. A., Robbins C. T. & Schwartz C. C. (1999) Role of brown bears (*Ursus arctos*) in the flow of marine nitrogen into a terrestrial ecosystem. *Oecologia* 121: 546-550.
2) 堤　利夫 (1997) 森林の物質循環. 東京大学出版会.
3) Reimchen T. E., Mathewson D., Hocking M. D. & Moran J. (2002) Isotopic evidence for enrichment of salmon-derived nutrients in vegetation, soil, and insects in riparian zones in coastal British Columbia. *American Fisheries Society Symposium*. pp. 12.
4) Mathewson D. D., Hocking M. D. & Reimchen T. E. (2003) Nitrogen uptake in riparian plant communities across a sharp ecological boundary of salmon density. *BMC Ecology* 3: 4, pp. 11.
5) 大類清和 (1997) 森林生態系での"Nitrogen Saturation"—日本での現状—. 森林立地学会誌　99: 1-9.
6) Hobbs, N. T. (1996) Modification of ecosystems by ungulates. *Journal of Wildlife Management* 60: 695-713.
7) Frank D. A. (1998) Ungulate regulation of ecosystem process in Yellowstone National Park: direct and feedback effects. *Wildlife Society Bulletin* 26: 410-418.
8) Frank D. A. & Groffman P. M. (1998) Ungulate vs. land scape control of soil C and N processes in grassland of Yellowstone National Park. *Ecology* 79: 2229-2241.
9) Pastor J., Dewey B., Naiman R. J., McInnes P. F. & Cohen Y. (1993) Moose browsing and soil fertility in the boreal forests of Isle Royale National Park. *Ecology* 74: 467-480.
10) 古澤仁美・荒木　誠・日野輝明 (2001) シカとササが表層土壌の水分動態に及ぼす影響—大台ケ原の事例—. 森林応用研究　10: 31-36.
11) 古澤仁美・宮西裕美・金子真司・日野輝明 (2003) ニホンジカの採食によって林床植生の劣化した針広混交林でのリターおよび土壌の移動. 日本林学会誌　85: 318-325.
12) Howe T. D., Singer F. J. & Ackerman B. B. (1981) Forage relationships of European wild boar invading north hardwood forest. *Journal of Wildlife Management* 45: 748-754.

23）高槻成紀（1989）植物および群落に及ぼすシカの影響．日本生態学会誌　39: 67-80.
24）Augustine D. J. & McNaughton S. J. (1998) Ungulate effects on the functional species composition of plant communities: herbivore selectivity and plant tolerance. *Journal of Wildlife Management* 62: 1165-1183.
25）Hobbs N. T., Baker D. L., Ellis J. E. & Swift D. M. (1981) Composition and quality of elk winter diets in Colorado. *Journal of Wildlife Management* 45: 156-171.
26）Ditchkoff S. S. & Servello F. A. (1998) Litterfall: an overlooked food source for wintering white-tailed deer. *Journal of Wildlife Management* 62: 250-255.
27）Takahashi H. & Kaji K. (2001) Fallen leaves and unpalatable plants as alternative foods for sika deer under food limitation. *Ecological Research* 16: 257-262.
28）三浦慎悟（1999）野生動物の生態と農林業被害．全国林業改良普及協会．
29）落合啓二（1996）森林施業がカモシカに与える影響．哺乳類科学　36: 79-87.
30）Shimazaki A. & Miyashita T. (2002) Deer browsing reduces leaf damage by herbivorous insects through an induced response of the host plant. *Ecological Research* 17: 527-533.
31）高槻成紀（1998）哺乳類の生物学　第5巻―生態．東京大学出版会．
32）McNaughton S. J. (1984) Grazing lawns: animals in herds, plant form, and coevolution. *The American Naturalist* 124: 863-886.
33）Robbins C. T., Hanley T. A., Hagerman A. E., Hjeljord O., Baker D. L., Schwartz C. C. & Mautz W. W. (1987) Role of tannins in defending plants against ruminants: reduction in protein availability. *Ecology* 68: 98-107.
34）Bryant J. P., Provenza F. D., Pastor J., Reichardt P. B., Clausen T. P. & du Toit J. T. (1991) Interactions between woody plants and browsing mammals mediated by secondary metabolites. *Annual Review of Ecology and Systematics* 22: 431-436.
35）Shimada T. & Saitoh T. (2003) Negative effects of acorns on the wood mouse *Apodemus speciosus*. *Population Ecology* 45: 7-17.
36）Bryant J. B, Chapin F. S. III & Klein D. R. (1983) Carbon/nutrient balance of boreal plants in relation to vertebrate herbivory, *Oikos* 40: 357-368.
37）Janzen D. H. (1971) Seed predation by animals. *Annual Review of Ecology and Systematics* 2: 465-492.
38）Casimir M. J. (1975) Feeding ecology and nutrition of an eastern gorilla group in the Mt. Kahuzi region (Republique du Zaire). *Folia Primatologica*, 24: 81-136.
39）Westoby M. (1974) An analysis of diet selection by larage generalists herbivores. *The American Naturalist* 108: 290-304.
40）Freeland W. J. & Janzen D. H. (1974) Strategies in herbivory by mammals: the role of plant secondary compound. *The American Naturalist* 108: 269-289.
41）Robbins C. T., Hagerman A. E., Austin P. J., McArtur C. & Hanley T. A. (1991) Variation in mammalian physiological responses to a condensed tannin and its ecological implications. *Journal of Mammalogy* 72: 480-486.
42）Shimada T., Saitoh T. & Matsui T. (2004) Does acclimation reduce negative effects of acorn tannins in the wood mouse *Apodepus speciosus*. *Acta Theriologica* 49: 203-214.

College Publisher, Orland.

3章

1）ローマー・A. S.（1959）（川島誠一郎訳，1981）「脊椎動物の歴史」．どうぶつ社．
2）Kardong K. V. (1998) Vertebrates. 2nd ed. WCB/McGraw-Hill, Boston.
3）大泰司紀之（1998）哺乳類の生物学　第2巻―形態．東京大学出版会．
4）阿部　永（2000）日本産哺乳類頭骨図説．北海道大学図書刊行会．
5）Mitchell H. H. (1964) *Comparative Nutrition of Man and Domestic Animals.* Academic Press, New York.
6）大泰司紀之（1998）22. 偶蹄類（目）（Artiodactyla）．（後藤仁敏・大泰司紀之編）「歯の比較解剖学」．pp. 191-197．医歯薬出版株式会社．
7）農林水産省畜産試験場（1986）（唐沢　豊編）「動物の栄養」文永堂出版．表Ⅵ-3
8）元井葭子（2004）ルーメン環境の変化と反芻動物の疾病．（小野寺良次監修，板橋久雄編）「新ルーメンの世界」．pp. 560-593．農文協．
9）Vaughan T. A., Ryan J. M. & Czaplewski N. J. (2000) Mammalogy 4th ed. Saunders College Publishing.
10）平川浩文（1995）ウサギ類の糞食．哺乳類科学　34 (2): 109-122.
11）中川尚史（1999）食べる速さの生態学．京都大学学術出版会．
12）Sawaguchi T. (1992) The size of the neocortex in relation to ecology and social structure in monkeys and apes. *Folia Primatologica* 58: 131-145.
13）Kaji K., Koizumi T. & Ohtaisi N. (1989) Effects of resource limitation on the physical and reproductive condition of Sika deer on Nakanoshima Island, Hokkaido. *Acta Theriologica* 33: 187-208.
14）梶　光一（2003）エゾシカと被害：共生のあり方を探る．森林科学　39: 28-34.
15）二ノ宮史絵・古林賢梧恒（2003）ニホンジカの過食圧下にある太平洋型ブナ林の空間的構造とオオバアサガラのギャップ更新．野生生物保護　8: 63-77.
16）高槻成紀（1992）「北に生きるシカ」．どうぶつ社．
17）櫻井裕夫（2003）栃木県におけるシカの保護管理について．森林科学　39: 41-45.
18）Takatsuki S. & Gorai T. (1994) Effects of Sika deer on the regeneration of a *Fagus crenata* forest on Kinkazan Island, northern Japan. *Ecological Research* 9: 115-120.
19）山根正伸（2003）ニホンジカ被害問題に残されている課題，神奈川県丹沢山地の経験から．森林科学　39: 35-40.
20）Shimoda K., Kimura K., Kanzaki M. & Yoda K. (1994) The regeneration of pioneer tree species under browsing pressure of Sika deer in an evergreen oak forest. *Ecological Research* 9: 85-92.
21）Akashi N. & Nakashizuka T. (1999) Effects of bark-stripping by Sika deer (*Cervus nippon*) on population dynamics of a mixed forest in Japan. *Forest Ecology and Management* 113: 75-82.
22）Suda K., Araki R. & Maruyama N. (2001) The effects of sika deer on the structure and composition of the forests on Tsusihma Islands. *Biosphere Conservation* 4: 13-22.

8）亀井節夫・樽野博幸・河村善也（1988）日本列島の第四紀地史への哺乳動物相のもつ意義．第四紀研究　26: 293-303.
9）鈴木敬治・亀井節夫（1969）森林の変遷と生物の移動．科学　39: 19-27.
10）Tsukada T. (1982) *Cryptomeria japonica*: glacial refugia and late-glacial and postglacial migration. *Ecology* 63: 1091-1105.
11）塚田松雄（1980）杉の歴史：過去一万五千年間．科学　50: 538-546.
12）Tomaru N., Takakahashi M., Tsumura Y., Takahashi M. & Ohba K. (1998) Intraspecific variation and phylogeographic patterns of *Fagus crenata* (Fagaceae) mitochondrial DNA. *American Journal of Botany* 85: 629-636.
13）Fujii N., Tomaru N., Okuyama K., Koike T., Mikami T. & Ueda K. (2002) Chloroplast DNA phylogeography of *Fagus crenata* (Fagaceae) in Japan. *Plant Systematics and Evolution* 232: 21-33.
14）川本　芳（2002）ニホンザル成立に関する集団遺伝学的研究．*Asian Paleoprimatology* 2: 55-73.
15）阿部　永（1991）日本の哺乳類とその変異．（朝日　稔・川道武男編）「現代の哺乳類学」．pp. 1-22．朝倉書店．
16）Tsuchiya K., Suzuki H., Shinohara A., Harada M., Wakana S., Sakaizumi M., Han S. H., Lin L. K. & Krukov A. P. (2002) Molecular phylogeny of East Asian moles inferred from the sequence variation of the mitochondrial cytochrome b gene. *Gene Gen. and Systematics* 75: 17-24.
17）阿部　永（2005）土壌環境がモグラの分布を制限する．（増田隆一・阿部　永編著）「動物地理の自然誌」．pp. 161-177．北海道大学図書刊行会．
18）小金沢正昭（1991）ニホンザルの分布と保護の現状およびその問題点—日光を中心に—．「野生動物保護—21世紀への提言—第一部」（NACS-J 保護委員会・野生動物小委員会編），pp. 124-157．日本自然保護協会．
19）Tamate H. B., Tatsuzawa S., Suda K., Izawa M., Doi T., Sunagawa K., Miyahira F. & Tado H. (1998) Mitochondrial DNA variations in local populations of the Japanese sika deer, *Cervus nippon*. *Journal of Mammalogy* 79: 1396-1403.
20）Nagata J., Masuda R., Tamate H. B., Hamasaki S., Ochiai K., Asada M., Tatsuzawa S., Suda K., Tado H. & Yoshida M. C. (1999) Two genetically distinct lineages of the sika deer, *Cervus nippon*, in Japanese islands: Comparison of mitochondrial D-loop region sequences. *Molecular Phylogenetics and Evolution* 13: 511-519.
21）玉手英利（2002）じつは大陸で分かれた北と南のニホンジカ．遺伝　56: 53-56.
22）Matsuhashi T., Masuda R., Mano T. & Yoshida M.C. (1999) Microevolution of the mitochondrial DNA control region in the Japanese brown bear (*Ursus arctos*) population. Molecular Biology and Evolution, 16: 676-684.
23）Matsuhashi T., Masuda R., Mano T., Murata K. & Aiurzaniin A. (2001) Phylogenetic relationships among worldwide populations of the brown bear *Ursus arctos*. *Zoological Science* 18: 1137-1143.
24）増田隆一（2003）大型・中型哺乳類．（小池裕子・松井正文編）「保全遺伝学」．pp. 143-158．東京大学出版会．
25）Vaughan T. A., Ryan J. M. & Czaplewski N. C. (2000) *Mammalogy*, 4th ed. Harcourt

troop. *Folia Primatologica* 36: 40-75.
57) Pochron S. T. (2001) Can concurrent speed and directness of travel indicate purposeful encounter in the yellow baboon (*Papio hamadryas cynocephalus*) of Ruaha National Park, Tanzania? *International Journal of Primatology* 22: 773-785.
58) Waas J. R. (1988) Song picth-habitat relationships in white-throated sparrows: cracks in acoustic windows? *Canadian Journal of Zoology* 66: 2578-2581.
59) Vaughan T. A., Ryan J. M. & Czaplewski N. J. (2000) *Mammalogy,* 4th ed. Harcourt College Publishers, Orland.
60) 大井　徹・泉山茂之・今木洋大・植月純也・岡野美佐夫・白井　啓・千々岩哲 (2003) 音声を手がかりとしたニホンザル野生群の位置探索の正確さについて. 霊長類研究　19: 193-201.
61) 杉浦秀樹・田中敏明・正高信男 (1999) ニホンザルの生息地における音響伝播とクー・コールの集団差への影響. 日本音響学会誌　55: 679-687.
62) Jarman P. J. (1974) The social organization of antelope in relation to their ecology. *Behaviour* 48: 215-266.
63) 大井　徹・鈴木一生・堀野眞一・三浦慎悟 (1993) ニホンジカの空中カウントと地上追い出しカウントの比較. 哺乳類科学　33: 1-8.
64) Takatsuki S. (1983) Group size of Sika deer in relation to habitat type on Kinkazan Island. *Japanese Journal of Ecology* 33: 419-425.
65) 大井　徹 (2002) ニホンザルの生態的多様性. (大井　徹・増井憲一編)「ニホンザルの自然誌」. pp. 296-318. 東海大学出版会.
66) Else P. L. & Hulbert A. J. (1981) Comparison of the "mammalian machine" and the "reptile machine": energy production. *American Journal of Physiology* 240: R3-R9.
67) 遠藤秀紀 (2002) 哺乳類の進化. 東京大学出版会.
68) Kardong K. V. (1998) Vertebrates. 2nd ed. WCB/McGraw-Hill, Boston.
69) Francis C. M., Anthony E. L. P., Brunton J. A. & Kunz T. H. (1994) Lactation in male fruit bats. *Nature* 367: 691-692.

2章

1) 阿部　永・石井信夫・金子之史・前田喜四雄・三浦慎悟・米田政明 (1999) (阿部　永監修, 自然環境研究センター編)「日本の哺乳類」. 東海大学出版会.
2) 河村善也 (1998) 第四紀における日本列島への哺乳類の移動. 第四紀研究　37: 251-257.
3) 木村正昭 (1996) 琉球弧の第四紀古地理. 地学雑誌　105: 259-285.
4) 河村善也・亀井節夫・樽野博幸 (1989) 日本の中・後期更新世の哺乳動物相. 第四紀研究　28: 317-326.
5) 小泉明裕 (2003) 東京都昭島市多摩川の鮮新—更新統から産出した日本初記録の純肉食性オオカミ化石 *Canis (Xenocyon) falconeri*. 第四紀研究　42: 105-111.
6) Oshiro I. & Nohara T. (2000) Distribution of the Pleistocene terrestrial vertebrates and their migration to the Ryukyus. *Tropics* 10: 41-50.
7) Otuska H. & Takahashi A. (2000) Pleistocene vertebrate fauna in the Ryukyu Island: Their migration and extinction. *Tropics* 10: 25-40.

36）Uchijima Z. & Seino H. (1985) Agroclimatic evaluation of net primary productivity of natural vegetations (1) Chikugo model for evaluating net primary productivity. *Journal of Agricultural Meteorology* 40: 343-352.
37）Maruhashi T., Saito C. & Agetsuma N. (1998) Home range structure and inter-group competition for land of Japanese macaques in evergreen and deciduous forests. *Primates* 39: 291-301.
38）前田喜四雄（1987）日本のコウモリ．採集と飼育49: 422-427.
39）前田喜四雄（2001）日本コウモリ研究誌．東京大学出版会.
40）White T. H. Jr., Bowman J., Jacobson H. A., Leopold B. D. & Smith W. P. (2001) Forest Management and female black bear denning. *Journal of Wildlife Management* 65: 34-40.
41）太田嘉四夫（1984）北海道産野ネズミ類の研究．北海道大学図書刊行会.
42）小金沢正昭（1991）ニホンザルの分布と保護の現状およびその問題点—日光を中心に—．「野生動物保護—21世紀への提言—第一部」（NACS-J 保護委員会・野生動物小委員会編）．pp. 124-157．日本自然保護協会.
43）和田一雄（1994）「サルはどのように冬を越すか」．農文協.
44）高槻成紀（1983）金華山のシカによるハビタット選択．哺乳動物学会誌 9: 183-191.
45）Kleiber, M. (1961) *The Fire of Life*. John Wiley, New York.
46）McNab B. K. (1963) Bioenergetics and the determination of home range size. *The American Naturalist* 97: 133-140.
47）Harestad A. S. & Bunnel F. L. (1979) Home range and body weight -a reevaluation. *Ecology* 60: 389-402.
48）Takasaki H. (1981) Troop size, habitat quality, and home range area in Japanese macaques. *Behavioral Ecology and Sociobiology* 9: 277-281.
49）Izumiyama S., Mochizuki T. & Shiraishi T. (2003) Troop size, home range area and seasonal range use of the Japanese macaque in the Northern Japan Alps. *Ecological Research* 18: 465-474.
50）Sandell M. (1989) The mating tactics and spacing pattern of solitary carnivores. In: *Carnivore Behavior, Ecology and Evolution*. (Gittleman J. L. ed.). pp.164-182. Cornel University Press.
51）Desy E. A., Batzli G. O. & Liu J. (1990) Effects of food and predation on behaviour of prairie vole: a field experiment. *Oikos* 58: 159-168.
52）MacArthur R. H. & Wilson E. O. (1967) *The Theory of Island Biogeography*. Princeton University Press.
53）Kaneko Y. (1985) Geographical distribution of terrestrial mammals in Japan and ecological distribution of small field rodents in Shikoku. In: Contemporary Mammalogy in China and Japan. pp. 28-32. Mammal. Soc. Japan, Tokyo.
54）金子之史（1992）四国における野ネズミ 3 種の地形的分布．日本生物地理学会会報47: 127-141.
55）伊藤　隆（1987）組織学．南山堂.
56）Sigg H. & Stolba A. (1981) Home range and daily march in a hamadryas baboon

Japanese monkey and gelada baboon. In: *Recent Advance in Primatology, 1. Behaviour* (Chivers D. J. & Herbert J. eds.), pp. 287-303. Academic Press, London.
18）中川尚史（1999）食べる速さの生態学．京都大学学術出版会．
19）Igota H., Sakuragi M., Uno H., Kaji K., Kaneko M., Akamatsu R. & Maekawa K. (2004) Seasonal migration pattern of female sika deer in eastern Hokkaido, Japan. *Ecological Research* 19: 169-178.
20）丸山直樹（1981）ニホンジカ *Cervus nippon* TEMMINCK の季節移動と集合様式に関する研究．東京農工大学農学部学術報告　23: 1-85.
21）Sakuragi M., Igota H., Uno H., Kaji K., Kaneko M., Akamatsu R. & Maekawa K. (2003) Seasonal habitat selection of an expanding sika deer *Cervus nippon* population in eastern Hokkaido, Japan. *Wildlife Biology* 9: 141-153.
22）泉山茂之（2002）森林限界を越えて．（大井　徹・増井憲一編）「ニホンザルの自然誌」pp. 63-77．東海大学出版会．
23）赤座久明（2002）ダムに追われるニホンザル．（大井　徹・増井憲一編）「ニホンザルの自然誌」．pp. 117-140．東海大学出版会．
24）川道武男（2000）冬眠の生態学．（川道武男・近藤宣昭・森田哲夫編）「冬眠する哺乳類」．pp. 31-99．東京大学出版会．
25）Ahlquist D. A., Nelson R. A., Steiger D. L., Jones J. D. & Ellefson R. D. (1984) Glycerol metabolism in the hibernating black bear. *J. Comp. Physiol. B.* 155: 75-79.
26）Portman O. W. (1970) Nutritional requirements (NRC) of nonhuman primates. In: *Feeding and Nutrition of Nonhuman Primates* (Harris R. S. ed). pp. 87-115. Academic Press, New York.
27）毛利孝之・内田照章（1991）繁殖整理．（朝日　稔・川道武男編）「現代の哺乳類学」．pp. 65-86．朝倉書店．
28）Kimura K. & Uchida T. A. (1983) Ultrastructural observations of delayed implantation in the Japanese long-fingered bat, *Miniopterus schreibersi fuliginosus*. *Journal of Reproduction and Fertility* 69: 187-193.
29）川道美枝子（2000）シマリス．（川道武男・近藤宣昭・森田哲夫編）「冬眠する哺乳類」．pp. 143-161．東京大学出版会．
30）米田一彦（1990）秋田県太平山地域におけるツキノワグマの生態・テレメトリー調査．「人間活動との共存を目指した野生鳥獣の保護管理に関する研究」．pp. 159-206．環境庁自然保護局・日本野生生物研究センター．
31）岡　輝樹（2004）ツキノワグマはブナの夢を見るか？　林業技術　747: 18-21.
32）大井　徹（2000）ツキノワグマの保護・管理と森林のあり方．平成11年度森林総合研究所東北支所年報　pp. 42-45.
33）箕口秀夫（1995）森の母はきまぐれ―ブナの masting はどこまで解明されたか―．個体群生態学会会報　52: 33-40.
34）Suzki S., Noma N. & Izawa K. (1998) Inter-annual variation of reproductive parameters and fruit availability in two populations of Japanese macaques. *Primates* 39: 313-324.
35）齊藤　隆（1991）個体群とその動態．（朝日　稔・川道武男編）「現代の哺乳類学」．pp. 145-166．朝倉書店．

引用文献

1章

1）大井　徹・鈴木一生・早野あづさ・天野雅男（2001）ツキノワグマの頭骨変異にみられた生息地分断化の影響．森林総合研究所平成12年度成果選集　pp. 28-29.

2）Amano M., Oi T. & Hayano A. (2004) Morphological differentiation between adjacent populations of Asiatic black bears, *Ursus thibetanus japonicus*, in northern Japan. *Journal of Mammalogy* 85: 311-315.

3）早川由紀夫（1997）十和田湖の成り立ちと平安時代に起こった大噴火．「日本の自然２　東北」．pp. 58-60．岩波書店．

4）Saitoh T., Ishibashi Y., Kanamori H. & Kitahara E. (2001) Genetic status of fragmented populations of the Asian black bear *Ursus thibetanus* in western Japan. *Population Ecology* 43: 221-227.

5）三浦慎悟（1996）わが国の哺乳類の多様性とその保全．森林科学　16: 52-56.

6）日本野生生物研究センター（1991）生態系保全に着目した計画策定手法に関する研究調査報告書．

7）日本野生生物研究センター（1980）動物分布調査報告書（哺乳類）、全国版（その２）．

8）大串隆之（2003）間接効果．「生態学事典」．pp. 95-96．共立出版．

9）只木良也（1992）森林のしくみと生態．（林野庁監修）「森林インストラクター入門」．pp. 33-55．全国林業改良普及協会．

10）Takatsuki S. (1992) Foot morphology and distribution of Sika deer in relation to snow depth in Japan. *Ecological Research* 7: 19-23.

11）Homma K., Akashi N., Abe T., Hasegawa M., Harada K., Hirabuki Y., Irie K., Kaji M., Miguchi H., Mizoguchi N., Mizunaga H., Nakashizuka T., Natsume S., Niiyama K., Ohkubo T., Sawada S., Suigita H., Takatsuki S. & Yamanaka N. (1999) Geographical variation in the early regeneration process of Siebold's beech (*Fagus crenata* Blume) in Japan. *Plant Ecology* 140: 129-138.

12）福嶋　司・高砂裕之・松井哲哉・西尾孝佳・喜屋武豊・常富　豊（1995）日本のブナ林群落の植物社会学的新体系．日本生態学会誌　45: 79-98.

13）Abe M., Miguchi H. & Nakashizuka T. (2001) An interactive effect of simultaneous death of dwarf bamboo, canopy gap, and predatory rodents on beech regeneration. *Oecoloiga* 127: 281-286.

14）Wada N. (1999) Dwarf bamboos affect the regeneration of zoochorous trees by providing habitats to acorn-feeding rodents. *Oecologia* 94: 403-407.

15）日本野生生物研究センター（1988）環境省委託第三回自然環境保全基礎調査植生調査報告書（全国版）．

16）阿部　永・石井信夫・金子之史・前田喜四雄・三浦慎悟・米田政明（1999）（阿部　永監修，自然環境研究センター編）「日本の哺乳類」．東海大学出版会．

17）Iwamoto T. (1978) Food availavility as a limiting factor on population density of

【ハ】

【ヒ】

【フ】

【ヘ】

【ホ】

【ソ】

【タ】

【チ】

【ク】

【ケ】

【コ】

【サ】

【オ】

【カ】

【キ】

索　引

項目

著者紹介

大井《おおい》 徹《とおる》

1958年、富山県高岡市生まれ。京都大学大学院理学研究科修了、理学博士。
森林総合研究所関西支所・生物多様性研究グループ長。
専門：哺乳類生態学、野生動物保護管理学。
主な著書：『失われ行く森の自然誌（東海大学出版会、単著）』『ニホンザルの自然誌（東海大学出版会、共編著）』『野生動物の研究と管理技術（文永堂出版、監・分担訳）』、『野生チンパンジーの世界（ミネルヴァ書房、分担訳）』『Evolution and Ecology of Macaque Societies（Cambridge University Press、分担執筆）』など。

装丁：中野達彦，制作協力：株式会社テイクアイ

日本の森林／多様性の生物学シリーズ―③

獣《けもの》たちの森《もり》

2004年10月20日　第1版第1刷発行
2006年5月20日　第1版第2刷発行

著　者　大井　徹
発行者　高橋　守人
発行所　東海大学出版会
〒257-0003 神奈川県秦野市南矢名3-10-35
東海大学同窓会館内
電話 0463-79-3921　振替 00100-5-46614
URL http://www.press.tokai.ac.jp/
印刷所　港北出版印刷株式会社
製本所　株式会社石津製本所

ISBN4-486-01654-8